材料科学者のための
統計熱力学入門

志賀 正幸 著

内田老鶴圃

本書の全部あるいは一部を断わりなく転載または
複写(コピー)することは，著作権および出版権の
侵害となる場合がありますのでご注意下さい．

序

　熱力学は，もともと熱機関の効率などを解析するため，19世紀初頭から発展してきた学問であるが，その後物質科学の分野にまで広がり，材料科学者にとっては必須の基礎学問となっている．ただ，いわゆる古典熱力学は典型的な現象論であり，与えられた各種の巨視的熱力学量間の関係を記述するにとどまるといってもいいだろう．それに対し，統計熱力学は原子論や量子力学に基づき，微視的な立場から熱力学量を求める手法で，工学的には常に役立つとは限らないが，熱力学の本質を理解するにはかかせない．例えば，熱力学量の主役のひとつであるエントロピーや温度の意味を古典熱力学のみで理解するのは結構難しいが，統計熱力学の立場からは容易に理解できる．

　本書は，統計熱力学について，材料科学や物性物理学を学ぼうとする読者を対象として，物質の熱的性質について，古典熱力学との対応も留意して書き下ろした入門書である．なお，本書の姉妹編として「材料科学者のための量子力学入門」（参考書(1)）も刊行されており，必ずしも本書を読むに当たっての前提としているわけではないが，合わせて読んでいただくと微視的な視点から見た材料科学への理解が深まるものと確信している．

　本書の構成は，第1章で，まず統計熱力学の概念をつかんでもらうため，具体的に最もシンプルな例のひとつであるアインシュタイン・モデルによる固体の比熱を取り上げ説明する．第2章は本書の中心であるが，始めに古典熱力学の復習として，いろいろな熱力学量の定義やそれらの間の関係式を説明した後，統計熱力学の基本概念として，正準集合，大正準集合，小正準集合の定義を説明し，エルゴード仮説と等重率の仮説に基づき，ボルツマンのエントロピーの定義式から出発し，統計熱力学の一般論を展開する．一見抽象的で難しく感じられるかもしれないが，要は物質を構成粒子の集合として微視的にとらえたとき，ある条件下で最も頻繁に現れる個々の粒子のエネルギーの組み合わ

せを統計的に解析する方法といってよく，第 1 章の例と合わせて読んでもらうと，むしろ古典熱力学より理解しやすいといっても過言ではないだろう．第 3 章では，理想気体や電子など基本的な系を取り上げ，第 2 章の手法に基づき，それらの系の熱力学的ふるまいを求める．第 4 章では，材料科学として興味ある系を応用例として解説する．後半部分では，これからの社会にとってますます重要性が増すと思われる電池や半導体など，荷電粒子を含む系の熱力学的ふるまいを少し詳しく解説する．

　本書を書くに当たっては，長年京都大学で研究を共にしてきた京都大学大学院工学研究科の中村裕之教授に細部にわたって目を通してもらった．また，本書を刊行するに至ったのは，前著である「磁性入門」や"材料科学者のための物理入門シリーズ"「固体物理学入門」，「固体電子論入門」，「電磁気学入門」を出版していただいた内田老鶴圃の内田学氏の薦めに負うところが大きい．

2013 年 4 月

志賀 正幸

材料科学者のための物理入門シリーズ

　著者はこれまでに,「材料科学者のための物理入門」シリーズにおいて,①「固体物理学入門」,②「固体電子論入門」,③「電磁気学入門」,④「量子力学入門」,⑤「統計熱力学入門」と計5冊のテキストを内田老鶴圃から出版させてもらっている.このシリーズは「統計熱力学入門」をもって完了とするが,出版社の勧めもあり,これらのテキストの関連や特徴を述べさせていただく.

　本シリーズに共通する特徴は,材料科学,化学,物性物理学など,いわゆる物質科学を学ぼうとしている学生を読者として想定する物理学の入門書ということである.この内「電磁気学入門」を除いては,物質の性質を微視的な観点から理解しようとするもので,読むに当たって前提としているのは,大学前期課程で学ぶ一般物理学,微分積分学,線形代数学などを習得していることである.原稿を書くに当たって著者が常に心がけていることは,分かりやすく,具体的に説明することはもちろんであるが,必要な数式は省略せず,直感的なイメージと数式を一体として理解してもらうことである.

　以下,各テキストの特徴・読み方を説明しておく.

　①は,著者が京都大学工学部物理工学科の2年次の学生を対象に行っていた固体物理学の講義テキストに手を加えたもので,内容を理解するのに必要な量子力学や統計熱力学も簡単に説明しており,教科書として使うことも念頭におき書き下ろした.

　②は,いわば①の続編で,金属のバンド理論を紹介し,これをもとに金属・合金の物性,半導体の性質・機能,さらに物質の磁性や超伝導についても微視的観点から説明しており,やはり著者が材料系の学部学生を対象とした講義テキストに手を加えたものである.

　④,⑤は,①,②を読むに当たって前提としている量子力学と統計熱力学について,独立した科目として学べるよう書き下ろしたものである.この2つの

分野は互いに密接に関連しており，できれば2つまとめて学んでほしい．

　③は，少し趣が異なる．電磁気学は古典物理学の一分野であるが，物質の電気的，磁気的性質を理解するにあたって必須の科目であり，とかく電磁気学を敬遠しがちな材料系の学生が理解しやすいよう心がけ書き下ろした．

　なお，著者の専門分野は磁性物理学で，本シリーズとは別に，内田老鶴圃刊行の材料学シリーズの一環として「磁性入門―スピンから磁石まで―」を出版している．こちらは，材料系の大学院で行っていた磁性物理学の講義テキストに手を加えたもので，物質の磁性やその応用について学ぼうとしている学生・研究者を対象にした入門書である．

志賀　正幸

目　　次

序……………………………………………………………………………… i
材料科学者のための物理入門シリーズ…………………………………… iii

1　序論―アインシュタイン・モデルによる固体の比熱― ………… 1

1.1　古典熱力学による比熱の定義　　1
1.2　アインシュタイン・モデル　　2
1.3　ボルツマン分布　　3
　●ラグランジュの未定係数法とは？　　5
1.4　状態和と温度―定数 α, β の意味―　　6
　●少数原子での統計分布　　9
1.5　アインシュタイン・モデルによる固体の比熱　　11
1.6　そもそも温度とは？　　14
　1.6.1　熱力学温度の定義　　14
　1.6.2　微視的（ミクロ）な観点からの温度の定義　　15
1.7　エントロピー　　16
　1.7.1　古典熱力学でのエントロピー　　16
　1.7.2　統計熱力学でのエントロピー　　17
　●熱力学の第3法則　　18
1.8　自由エネルギーと状態和　　19
　1.8.1　ヘルムホルツの自由エネルギー　　19
　1.8.2　自由エネルギーの微分表示　　20
　1.8.3　状態和から自由エネルギーを求める　　21

2 より一般的な統計熱力学 ……………………………………… 23

2.1 古典熱力学の復習　23
- 2.1.1 熱力学の基本法則　23
- 2.1.2 種々の熱力学量　24
- 2.1.3 粒子数が変化する系　27

2.2 統計熱力学の基礎概念　28
- 2.2.1 用語の定義　28
- 2.2.2 統計集合の種類　30
- 2.2.3 基本仮定　31

2.3 統計熱力学理論の展開　31
- 2.3.1 出発点としてのエントロピーの定義　31
- 2.3.2 正準集合での熱力学量　32
- 2.3.3 開いた系の熱力学量と大正準集合　38
- 2.3.4 小正準集合での熱力学量　41

2.4 実際の系への統計熱力学の適用　41

3 基本的な系の統計熱力学 ……………………………………… 45

3.1 理想気体—古典粒子の統計力学—　45
- 3.1.1 状態和と自由エネルギー　45
- 3.1.2 理想気体の熱力学量　47
- 3.1.3 マクスウェルの速度分布則　49
- ●理想気体の状態密度　49

3.2 量子統計　50
- 3.2.1 フェルミ-ディラック分布則　50
- 3.2.2 フェルミ準位と電子ガスへの応用　53
- ●金属中の自由電子　55
- 3.2.3 ボース-アインシュタイン統計　56
- 3.2.4 ボース-アインシュタイン凝縮　57

- ●液体ヘリウムの超流動　*59*
- 3.2.5　プランク分布とプランクの熱放射則　*60*
- ●固体の低温比熱と T^3 則—デバイ・モデル—　*62*

3.3　2準位系と常磁性体の磁化率　*63*
- 3.3.1　状態和　*64*
- 3.3.2　熱力学量　*64*
- 3.3.3　磁気モーメント M と常磁性体の磁化率 χ　*67*

3.4　固体の平衡蒸気圧　*67*
- 3.4.1　気相の化学ポテンシャル　*68*
- 3.4.2　固相の化学ポテンシャル　*68*

3.5　化学反応の平衡　*70*
- 3.5.1　平衡条件　*70*
- 3.5.2　各成分の化学ポテンシャル　*70*
- 3.5.3　質量作用の法則　*71*
- 3.5.4　一般的な化学反応への拡張　*74*

4　材料科学への応用 …………………………………… 77

4.1　固体の空孔濃度　*77*
4.2　合金の規則不規則変態—ブラッグ-ウィリアムズ近似—　*79*
4.3　強磁性体と2次の相転移　*83*
- 4.3.1　ハイゼンベルグ・ハミルトニアンとイジング・モデル　*83*
- 4.3.2　分子場モデル　*84*
- 4.3.3　協力現象とキュリー温度付近の磁化と比熱　*85*
- 4.3.4　2次の相転移　*88*

4.4　帯電粒子のふるまい　*88*
- 4.4.1　異種金属の接触電位差と熱起電力　*89*
- 4.4.2　電池の原理　*91*

4.5　半導体のフェルミ準位　*95*
- 4.5.1　エネルギーバンド理論—多原子分子からのアプローチ—　*95*

4.5.2　金属，絶縁体，半導体　　97
　　4.5.3　絶縁体・真性半導体のフェルミ準位　　98
　　4.5.4　不純物半導体のフェルミ準位　　100
　　4.5.5　不純物半導体の機能　　104

付録 A　Lagrange の未定係数法の証明　　109
付録 B　箱の中の自由粒子の状態密度　　111

参　考　書 …………………………………………………… 115
練習問題解答 ………………………………………………… 117
索　　　引 …………………………………………………… 121

第 1 章

序　　論
—アインシュタイン・モデルによる固体の比熱—

　この章では，まず手はじめに固体の比熱を例にとり統計熱力学の考え方，方法を説明する．ただし，本章での議論は系（固体試料）のエネルギーが一定で，系を構成する粒子が互いに区別でき（番号をつけることが可能），かつ粒子間の相互作用が十分弱いといった特殊な条件を満たす場合にのみ適用可能な理論であり，一般的に適用できるわけではない．一般的な理論は次章にまわし，本書ではあくまで，読者に統計熱力学の概念をつかんでもらうことを目的とする．

1.1　古典熱力学による比熱の定義

　比熱の測定は一般に一定圧力下で行われる，つまり実測値は定圧比熱であるが，固体の熱膨張率は小さいので体積膨張による仕事を無視した場合の比熱，すなわち定積比熱とほとんど変わらない．以下では理論的取り扱いが容易な定積比熱 C_V を求める．

　古典熱力学による定積比熱の定義は以下の式で与えられる．

$$C_V = \frac{dQ}{dT} = T\left(\frac{\partial S}{\partial T}\right)_V = \left(\frac{\partial U}{\partial T}\right)_V \tag{1-1}$$

ここで，S はエントロピー，U は内部エネルギーを表す．最後の式からわかるように，比熱は温度を 1 K 上げるのに必要なエネルギー量である．したがって，物質の内部エネルギーの温度依存性がわかれば求めることができる．

　図 1-1 に銀の比熱の実測値を示すが，特徴として，（ⅰ）0 K では $C = 0$，（ⅱ）高温で $3R\,(= 5.96\,\text{cal/mol}\cdot\text{K}$，$R$：気体定数）に近づく（**デュロン-プティ**(Dulong-Petit)**の法則**）．統計熱力学を適用することにより，これらの特徴は

図1-1 銀の比熱.

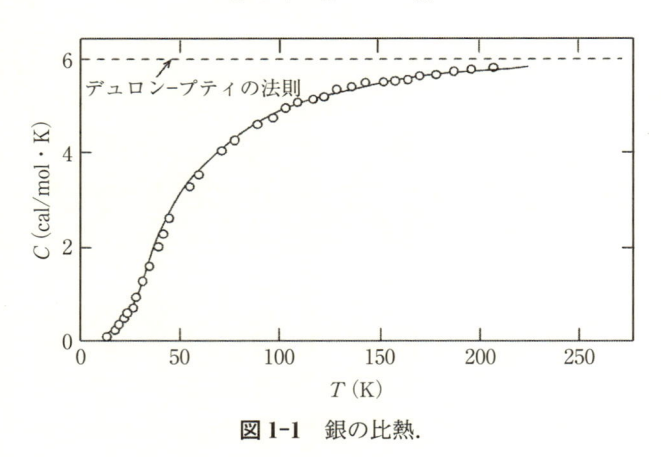

見事に説明することができる．

1.2 アインシュタイン・モデル(Einstein model)

　簡単のため，固体を同一の振動数 ν をもち，互いに独立に運動する N 個の振動子と見なす（通常，比熱はモル当たりの値をとるので N はアボガドロ数 $6.022\times10^{23}\,\mathrm{mol}^{-1}$ とする）．つまり，温度を上げると熱エネルギーにより個々の振動子は振動しその振幅，したがってエネルギーが増大する．古典力学では，振動子のエネルギーは振幅の2乗に比例し，連続的に増大するが，量子力学によると，その振幅，エネルギーは不連続な値しかとれない．

　量子力学によれば，振動数 ν（角振動数 $\omega=2\pi\nu$）の調和振動子の取り得るエネルギーは

$$\varepsilon_n=\left(n+\frac{1}{2}\right)h\nu=\left(n+\frac{1}{2}\right)\hbar\omega \tag{1-2}$$

で与えられる（参考書(1)，2.3節参照）．ここで，h はプランク定数 $=6.626\times10^{-34}\,\mathrm{J\cdot sec}$，$\hbar=h/2\pi$，$n$ は正整数 $(0,1,2,\cdots)$ で振動の量子数であり，n が増加することは振幅，したがって，エネルギーが増加することに相当する．ま

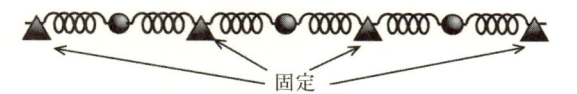

図 1-2 アインシュタイン・モデル．固体をバネにつながれた質点(原子)と見なす．バネの一端は固定され振動は波として伝わらず，各々の原子が独立に振動数 ν で振動すると見なす．

た，$n = 0$ のときのエネルギー $\varepsilon_0 = \dfrac{1}{2} h\nu$ を零点エネルギーとよび，不確定性原理に基づく量子揺らぎによるエネルギーである．以下の計算では，零点エネルギーを省略し，$\varepsilon_n = nh\nu$ として計算する．これは，零点エネルギーが小さいから無視するわけではなく，エネルギー原点をずらすだけで，全エネルギーの温度微分である比熱には影響しないからである．

1.3 ボルツマン(Boltzmann)分布

温度 T (温度の定義は後でもう一度考える)において各振動子のエネルギー(量子数 n)がどのように分布するかを考える．

絶対温度 $T = 0$ ではすべての振動子がエネルギー最低の状態，すなわち $n = 0$, $\varepsilon_0 = 0$ にある．というより，とりあえず，これが絶対 0 度(0 K)の定義と考えておく．それに対し，有限温度 ($T > 0$) ではエネルギーの高い状態にも

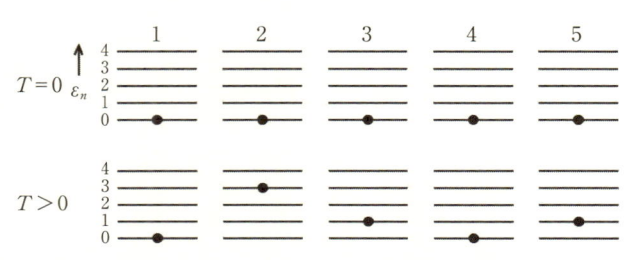

図 1-3 各振動子のエネルギー分布．•は各振動子の振動状態(エネルギー準位)を表す．上は絶対 0 度での分布．下は有限温度での分布を表す．この状態は全エネルギーを一定に保ちながら時間とともに変動する．

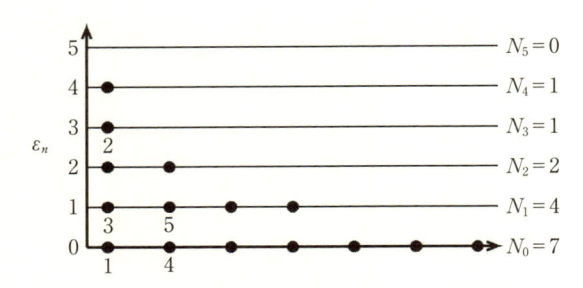

図 1-4 系全体(N個の振動子の集合)のエネルギー分布 $T>0$.

分布する．図 1-3，図 1-4 にこの様子を図示する．

　有限温度での分布を求めるため，粒子数 N，全エネルギー U が一定の条件でどのような分布をする確率が高いかを考える．そのため，N_i を i 番目のエネルギー準位にある振動子の数とすると，以下の条件式が成り立つ．

条件 1（粒子数一定の条件）

$$N = \sum_{i=0}^{\infty} N_i = \text{一定}$$

$$\text{または } dN = \sum_{i=0}^{\infty} dN_i = 0 \tag{1-3}$$

条件 2（全エネルギー一定の条件）

$$U = \sum_{i=0}^{\infty} \varepsilon_i N_i = \text{一定}$$

$$\text{または} \quad dU = \sum_{i=0}^{\infty} \varepsilon_i dN_i = 0 \tag{1-4}$$

この 2 つの条件を満足する N_i の組み合わせ数（配置数）W は

$$W = \frac{N!}{N_0! N_1! \cdots} \tag{1-5}$$

で与えられる．最も頻繁に現れる分布を求めるには，W を最大にする $N_0, N_1, N_2, \cdots$ の組を求めればよい．以下，この組み合わせを配置とよび，配

置数を W と表記する.

そのため, $\ln W$ が極大値をとる条件をラグランジュ(Lagrange)の未定係数法により求める.

●ラグランジュの未定係数法とは？

付録 A で詳しく説明するが, $x_1, x_2, \cdots, x_N$ を独立変数とし, それらの間に条件式(束縛条件)

$$g(x_1, x_2, \cdots, x_N) = 0 \tag{1-6}$$

が成り立つとき,

$$f(x_1, x_2, \cdots, x_N) \tag{1-7}$$

の極値を求める方法をラグランジュの未定係数法という.

そのために,

$$F = f(x_1, x_2, \cdots, x_N) + \alpha g(x_1, x_2, \cdots, x_N) \tag{1-8}$$

を定義すると, F の極値を与える $x_1 \sim x_N$ は

$$\frac{\partial F}{\partial x_1} = \frac{\partial F}{\partial x_2} = \cdots = \frac{\partial F}{\partial x_N} = 0 \tag{1-9}$$

を解くことにより求められる. 条件式が 2 個あるときは

$$F = f(x_1, x_2, \cdots, x_N) + \alpha g(x_1, x_2, \cdots, x_N) + \beta h(x_1, x_2, \cdots, x_N) \tag{1-10}$$

とすればよい.

この場合, N_i を変数として,

$$F = \ln W + \alpha \left(\sum_{i=0}^{\infty} N_i - N \right) - \beta \left(\sum_{i=0}^{\infty} \varepsilon_i N_i - U \right) \tag{1-11}$$

を定義し, (1-9)式より,

$$\frac{\partial \ln W}{\partial N_i} + \alpha - \beta \varepsilon_i = 0 \tag{1-12}$$

を満足する $(N_0, N_1, N_2, \cdots)$ を求めればよい. ここで, 第 2 のパラメータ β を $-\beta$ と置いたのは, 後に物理的な考察からわかるように, β が正の値をとる定数にするためであり, 一般性は失われない.

さらに, 大きな N(整数)について成り立つスターリング(Stirling)の近似式

$$\ln N! \approx N \ln N - N \tag{1-13}$$

を用いると,

$$\ln W = \ln\left(\frac{N!}{N_0! N_1! \cdots}\right) = \ln N! - \sum_{i=0}^{\infty} \ln N_i!$$

$$= (N \ln N - N) - \sum_{i=0}^{\infty}(N_i \ln N_i - N_i)$$

$$= N \ln N - \sum_{i=0}^{\infty} N_i \ln N_i \tag{1-14}$$

したがって,

$$\frac{\partial \ln W}{\partial N_j} = -\sum_{i=0}^{\infty} \frac{\partial (N_i \ln N_i)}{\partial N_j} = -\ln N_j - 1 \tag{1-15}$$

これを(1-12)式に代入すると,

$$-\ln N_j - 1 + \alpha - \beta \varepsilon_j = 0 \tag{1-16}$$

$\alpha' = \alpha - 1$ と置くと,

$$-\ln N_j + \alpha' - \beta \varepsilon_j = 0 \tag{1-17}$$

と書くことができ,したがって,

$$N_i = \exp(\alpha' - \beta \varepsilon_i) \tag{1-18}$$

が得られる.この時点で,β が正の場合,i 番目のエネルギー状態をとる原子の数は,図1-4に示すように,エネルギー ε_i の増加と共に急激に(指数関数的に)減少することがわかる.

1.4 状態和と温度―定数 α, β の意味―

励起状態にある原子の数 N_i についての分布関数の関数型がわかったので,以下,定数 α, β の物理的意味を考えてみよう.

(1) $\alpha(\alpha')$ の物理的意味

(1-18)式を書き直すと

$$N_i = \exp \alpha' \cdot \exp(-\beta \varepsilon_i) \tag{1-19}$$

と書け,$\exp \alpha'$ は分布関数にかかる比例定数である.全粒子数は N なので,

1.4 状態和と温度—定数 α, β の意味—

$\sum_{i=0}^{\infty} N_i = N$ すなわち $\exp \alpha' \cdot \sum_{i=0}^{\infty} \exp(-\beta\varepsilon_i) = N$ より

$$\exp \alpha' = \frac{N}{\sum_{i=0}^{\infty} \exp(-\beta\varepsilon_i)} \tag{1-20}$$

で与えられる.

一方,振動子が i 番目の状態 (ε_i) にある確率 P_i は,

$$P_i = \frac{N_i}{N} = \frac{\exp(-\beta\varepsilon_i)}{\sum_{i=0}^{\infty} \exp(-\beta\varepsilon_i)} = \frac{\exp(-\beta\varepsilon_i)}{Z} \tag{1-21}$$

で与えられる. ここで,

$$Z = \sum_{i=0}^{\infty} \exp(-\beta\varepsilon_i) \tag{1-22}$$

は規格化定数(の逆数)であり, α' と対等の係数であるが,後述するように統計熱力学で重要な意味をもつ量である.

(2) β の物理的意味

α が分布関数の比例定数(規格化定数)であるのに対し, β は分布の型そのものを決める定数である. とりあえず $\beta = 1/kT^*$ と置いて考えてみよう (k は正の定数とする).

まず, $T^* \to 0$ の極限では, $\beta \to \infty$ となり, $\varepsilon_j = 0$ の状態以外では P_j は 0, したがって, $P_0 = 1$, $P_{i>0} = 0$ となる. すなわちすべての振動子は最低エネルギー状態にある. つまり,**絶対0度**(0 K)に相当する状態といってよい.

次に, $0 < T_1^* < T_2^*$ にある2つの系の分布を考えてみよう.

はじめに, 2つの系において $T_1^* < T_2^*$ であれば, 分布関数の性質から, 系2は高いエネルギー準位を占める振動子が多いことがわかる(**図1-5**(a)). 次に, 2つの系を熱的に接触させる. すなわち, エネルギーが自由に出入りできるようにする. この場合, 2つの系を一体として考えてよい. ただし, 全エネ

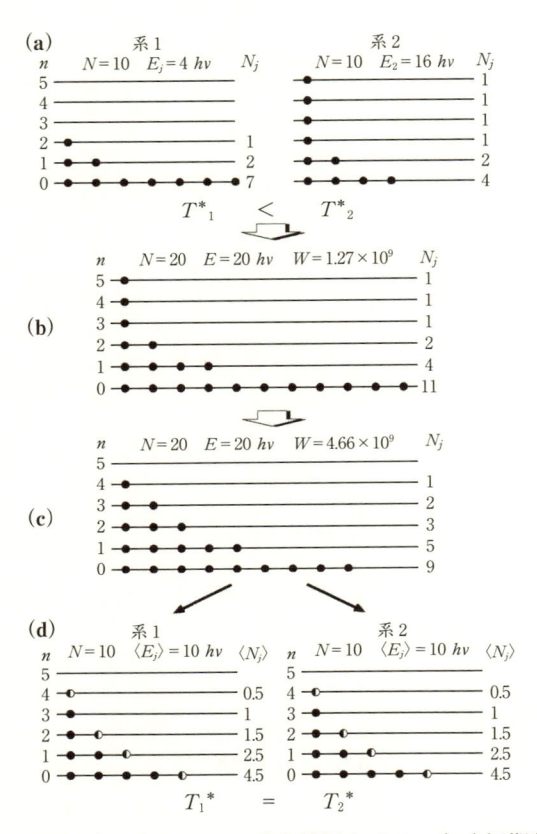

図 1-5 異なった T^* をもつ 2 つの系を接触させる. (a) 初期状態, (b) 2 つの系を接触させた瞬間の分布, (c) 同じ全エネルギーで最大の W をとる状態, (d) 元の 2 つの系に戻した分布. 占有数 $\langle N_j \rangle$ は時間平均値.

ルギーは 2 つの系の和で一定であり, また各系の粒子数は変わらないとする (図 1-5(b)). 接触した瞬間の分布は, 接触前の 2 つの系の和で, 分布関数は (1-21) 式に従わない. すなわち W は最大でない. したがって, 時間をおくと, (1-21) 式で与えられる W を最大とする分布に移行し, 平衡状態に達する (図 1-5(c)). この状態を, もとの 2 つの系に分解してみると, その分布は $0 < T_1^* < T_1^{*\prime} = T_2^{*\prime} < T_2^*$ で与えられる中間の $T^{*\prime}$ 値をもつ分布に変化する.

1.4 状態和と温度—定数 α, β の意味—

結局，系1，系2を接触させると，エネルギーが系2から系1へ流れ，中間の T^* をもつ分布状態へ移行する．すなわち，T^* は系の温度に相当するパラメータに他ならないことがわかる．したがって，適当な係数 k を選んでやれば，熱力学で定義された温度(ケルビン(Kelvin)温度)に一致させることができる．具体的な値は，たとえば，理想気体についての計算を行いボイル-シャルル(Boyle-Charles)の法則と比較することにより求めることができ，

$$\beta = \frac{1}{k_B T} \tag{1-23}$$

が得られる．こうして求まった比例定数 $k_B = 1.3807 \times 10^{-23}$ J/K は，**ボルツマン定数**とよばれる．

以上の考察より，振動子が i 番目のエネルギー準位にある確率は次式で与えられる．

$$P_i = \frac{\exp(-\varepsilon_i/k_B T)}{Z} \tag{1-24}$$

$$Z = \sum_i \exp(-\varepsilon_i/k_B T) \tag{1-25}$$

この関係式は調和振動子に限らず，そのエネルギー準位が ε_i (等間隔でなくともよい，また状態数は有限個でもよい)で与えられる任意の系について成り立つ．この分布を**ボルツマン分布**といい，粒子(この場合結晶中の原子)が区別できる場合に適用できる．(1-25)式で与えられる規格化定数 Z は**状態和**(または**分配関数**)とよばれ，後に示すようにこれを計算することにより系のすべての熱力学量を求めることができる重要な量である．なお，アインシュタイン・モデルはエネルギー準位が等間隔で無限個の状態がある特殊なケースである．

●少数原子での統計分布

1.3節では原子の数は十分多いとしてボルツマン分布則を導出したが，ここではわずか10個程度の原子(振動子)でもボルツマン分布に近い熱励起が得られることを具体的に W を計算することにより示す．以下，原子数を10個とし，全エネルギーが $6h\nu$ の場合について，すなわち，束縛条件 $\sum_{i=0}^{\infty} N_i = 10$, $\sum_{i=0}^{\infty} iN_i = 6$

のもとで取り得るあらゆる配置 $(a, b, \cdots)$ を列挙しその配置数 $W_\nu (\nu = a, b, \cdots)$ を (1-5) 式を用いて計算する．さらに，得られた結果から全配置数 $W = \sum_\nu W_\nu$ を求め，ある配置をとる確率 $P_\nu = W_\nu / W$ を求め，準位 i にある原子数の期待値 $\langle N_i \rangle$ を $\langle N_i \rangle = \sum_\nu P_\nu N_i^\nu$ より求める．ここで，N_i^ν は配置 ν のとき準位 i にある原子数である．また，こうして得られた結果を適当な温度 T でのボルツマン分布則から求まる原子数 $\langle N_i^B \rangle = N \exp(-i/T)/Z$ と比較する．なお，簡単のため，温度は $h\nu/k_B$ を単位とする．表 1-1 にその結果を示し，得られた $\langle N_i \rangle$ および $\langle N_i^B \rangle$ をグラフ化したものを図 1-6 に示す．このとき，温度は両者がよく一致するように試行錯誤で決めた．この図からわかるようにわずか 10 個の原子でも各準位の期待値をとればボルツマン分布に近い分布を示すことがわかる．なお，ボルツマン分布関数はすべての配置についての平均値（期待値）を求めるのではなく，最大の W をもつ配置から求めた分布則であるが，10 個の粒子の場合について見ると，最大の W をもつ配置 h と i の分布はかなりボルツマン分布に近いことがわかる．さらに粒子数を増やしていけば当然，最大の W をもつ配置が限りなくボルツマン分布に近づいていくことになる．

表 1-1 表の左側は，束縛条件 $\sum_{i=0}^{\infty} N_i = 10$, $\sum_{i=0}^{\infty} i N_i = 6$ を満たすすべての配置 $(a, b, c, \cdots)$ について各準位の原子数を示す．右側の 2 列は，各準位の平均原子数，および $T = 1.1\ (h\nu/k_B)$ としてボルツマン分布則より求めた原子数の期待値を示す．

| i | 束縛条件を満たすすべての配置に対する各準位の原子数 ||||||||||| $\langle N_i \rangle$ | N_i^B |
	a	b	c	d	e	f	g	h	i	j	k		
6	1	0	0	0	0	0	0	0	0	0	0	0.002	0.026
5	0	1	0	0	0	0	0	0	0	0	0	0.018	0.064
4	0	0	1	1	0	0	0	0	0	0	0	0.090	0.158
3	0	0	0	0	1	1	2	0	0	0	0	0.330	0.391
2	0	0	1	0	0	1	0	1	2	3	0	0.989	0.971
1	0	1	0	2	3	1	0	4	2	0	6	2.571	2.410
0	9	8	8	7	6	7	8	5	6	7	4	6.000	5.981
W_ν	10	90	90	360	840	720	45	1260	1260	120	210	$\sum W_\nu = 5005$	

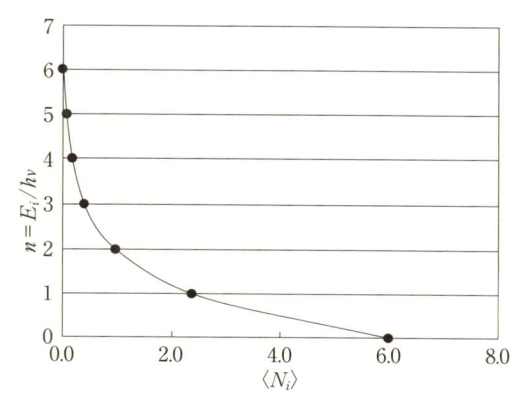

図 1-6 ● は $N=10$, $E=6h\nu$ の場合の各準位にある原子数の期待値．実線は $T=1.1(h\nu/k_\mathrm{B})$ についてのボルツマン分布．

1.5 アインシュタイン・モデルによる固体の比熱

前節で学んだ結果よりアインシュタイン・モデルでの固体の比熱を求めてみよう．各原子の取り得る振動エネルギーの準位を

$$\varepsilon_n = nh\nu \tag{1-26}$$

とすると，ボルツマン分布関数は，

$$P_n = \frac{\exp(-nh\nu/k_\mathrm{B}T)}{Z} \tag{1-27}$$

状態和 Z は

$$Z = \sum_{s=0}^{\infty} \exp(-sh\nu/k_\mathrm{B}T) \tag{1-28}$$

で与えられる．これを基に内部エネルギー U を計算し，その温度微分により比熱を求める．

1 個の原子のエネルギーの平均値は各準位をとる確率にそのエネルギーをかけた値の和で与えられるので N 個の原子からなる系の内部エネルギーは

で与えられる．$x = \exp(-h\nu/k_\mathrm{B}T)$ と置くと，(1-29)式は

$$U = N \sum_{s=0}^{\infty} P_s \varepsilon_s = \frac{Nh\nu}{Z} \sum_{s=0}^{\infty} s \exp(-sh\nu/k_\mathrm{B}T) \tag{1-29}$$

$$U = Nh\nu \left(\sum_{s=0}^{\infty} sx^s \bigg/ \sum_{s=0}^{\infty} x^s \right) \tag{1-30}$$

と書ける．ここで，分母は単純な等比数列であり $x<1$ なので収束し，

$$\sum_{s=0}^{\infty} x^s = \frac{1}{1-x} \tag{1-31}$$

となる．分子は，関係式

$$\sum_{s=0}^{\infty} sx^s = x \frac{d}{dx} \sum_{s=0}^{\infty} x^s = \frac{x}{(1-x)^2} \tag{1-32}$$

より容易に求まる．したがって，内部エネルギー U は

$$U = Nh\nu \frac{x/(1-x)^2}{1/(1-x)} = Nh\nu \frac{x}{1-x} = Nh\nu \frac{\exp(-h\nu/k_\mathrm{B}T)}{1-\exp(-h\nu/k_\mathrm{B}T)}$$

$$= Nh\nu \frac{1}{\exp(h\nu/k_\mathrm{B}T)-1} \tag{1-33}$$

と求められる．ただし，これは1方向のみの振動エネルギーを考えているので，3次元では，自由度3（x, y, z 方向の振動）をかけて，

$$U = 3Nh\nu \frac{1}{\exp(h\nu/k_\mathrm{B}T)-1} = \frac{3Nk_\mathrm{B}\Theta_\mathrm{E}}{\exp(\Theta_\mathrm{E}/T)-1} \tag{1-34}$$

となる．これがアインシュタイン・モデルの内部エネルギーである．ここで，$\Theta_\mathrm{E} = h\nu/k_\mathrm{B}$ はアインシュタイン温度とよばれ振動のエネルギーを温度に換算した量である．

比熱は(1-34)式を温度で微分することにより次のように求まる．

$$C = \frac{dU}{dT} = 3Nk_\mathrm{B} \left(\frac{h\nu}{k_\mathrm{B}T} \right)^2 \frac{\exp(h\nu/k_\mathrm{B}T)}{\{\exp(h\nu/k_\mathrm{B}T)-1\}^2}$$

$$= 3Nk_\mathrm{B} \left(\frac{\Theta_\mathrm{E}}{T} \right)^2 \frac{\exp(\Theta_\mathrm{E}/T)}{\{\exp(\Theta_\mathrm{E}/T)-1\}^2} \tag{1-35}$$

1.5 アインシュタイン・モデルによる固体の比熱

振動数はバネ定数に比例するので,物質の弾性率に比例する.Θ_E は多くの金属で数百ケルビン程度である.**図 1-7** に示すのはダイアモンドの比熱の実験値であるが,$\Theta_E = 1320$ K とすると計算値とほぼ一致する.

なお,$T \gg \Theta_E$ の高温では

$$U = 3Nk_B \Theta_E \frac{1}{\exp(\Theta_E/T) - 1}$$

$$\approx 3Nk_B \Theta_E \frac{1}{1 + \Theta_E/T - 1} = 3Nk_B T \tag{1-36}$$

と近似でき,1 モル当たりの内部エネルギーは N をアボガドロ数 N_A とし,R を気体定数とすると,

$$U \approx 3N_A k_B T = 3RT \tag{1-37}$$

したがって,

$$C = dU/dT \approx 3R \tag{1-38}$$

と,デュロン-プティ(Dulong-Petit)の法則が導かれる.このことからも,(1-23)式で $T^* = T$ と置いたことが正しいことが証明される.なお,図 1-7 を見ればわかるように,実際に計算すると $T \sim \Theta_E$ 程度でも比熱は一定値 $3R = 5.96$ cal/mol·K に近づくことがわかる.

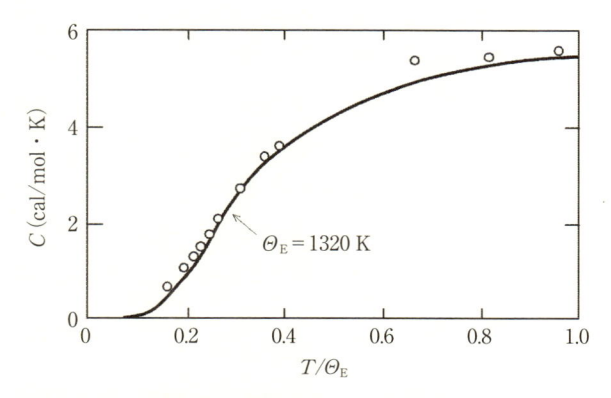

図 1-7 ダイアモンドの比熱の実験値と,$\Theta_E = 1320$ K として計算したアインシュタイン・モデルによる計算値(アインシュタインの論文より).

1.6 そもそも温度とは？

1.5節でボルツマン分布関数に含まれる T^* が温度に相当すると述べたが，そもそも温度とは何だろうか？ また，どのように定義できるだろうか？ これは，長さや重さの定義に比べて，結構難しい問題である．以下で古典熱力学での温度の定義と比較して温度の意味を考える．

1.6.1 熱力学温度の定義

まず，日常的に使う摂氏(℃)の定義を考えてみよう．小学校レベルでの定義は，氷が溶ける温度を0℃とし，水の沸点を100℃とし，それを100等分するというものであった．もう少し，詳しくいうと，氷点の代わりに，純水の3重点を0.01℃とし，1気圧下での沸点を100℃とすると訂正される．しかし問題は，100等分するということである．どう100等分するのだろうか？ おそらく温度計の目盛を100等分すればいいという答えが返ってきそうである．しかし，これは，アルコールや水銀の熱膨張率が温度によらないとしていえることで，実際には温度変化し，使用する液体によって異なる．そこで，考えつくのは理想気体の膨張を利用することであるが，これとて，実際問題となると，何を理想気体として使ったらいいかという疑問が生じる．たとえば，ヘリウムガスを使うと，0℃から100℃の間ならほぼ正確に理想気体の状態方程式 $pV = nRT$ が成り立ち合格点が付けられるが，ヘリウムとて低温(4.2 K)では液化し，その温度に近づくと体積は温度に比例しなくなる．そこで，温度計に使用する物質にはよらない温度の定義が必要になってくる．

このため提案されたのがケルビンによる熱力学温度 K である．その導出法を説明するのは古典熱力学の教科書にまかせるとして，結論は次のようなものである．

高熱源 (T_2) と低熱源 (T_1) の間で可逆熱機関(カルノー・サイクル)を1サイクル働かせ，高熱源から熱量 Q_2 を受け取り，低熱源が熱量 Q_1 を吸収し，仕事 A をなしたとき，使用した気体(作業物質)の種類にはよらず

1.6 そもそも温度とは？　　　　　　　　　　　　15

$$\frac{Q_2}{Q_1} = \frac{T_2}{T_1} \tag{1-39}$$

が成り立つ．熱量は原理的に測定可能なので，この式を温度の定義にするというものである．この式は T_1 と T_2 の比を与えるだけであるが，具体的な温度目盛として，一方の熱源を水の 3 重点としたとき，その温度を 273.16 K と定めるのがケルビンの熱力学温度の定義である．また，Q_2 に対してなされた仕事 $A = Q_2 - Q_1$ の比，A/Q_2 をこの熱機関の効率 η とよび，

$$\eta = \frac{Q_2 - Q_1}{Q_2} = \frac{T_2 - T_1}{T_2} \tag{1-40}$$

で与えられるが，この式からわかるように，熱エネルギーを 100 % 力学エネルギーに変換可能なのは $T_1 = 0$ のときのみであり，これを絶対 0 度とよび，これより低い温度はあり得ないことがわかる（$T_1 < 0$ とすると $\eta > 1$ となりエネルギー保存則を破ることになる）．

なお，現在の熱力学では 1.7 節で述べるエントロピー S と内部エネルギー U を使い，$1/T = \partial S/\partial U$ とするのが標準的な熱力学的温度の定義であるが，これについては第 2 章で改めて説明する．

1.6.2　微視的（ミクロ）な観点からの温度の定義

以上は古典熱力学による温度の定義であるが，厳密に考えると温度というのはかなり難しい概念であることがわかる．また実際にこの定義に従って温度を決めようとしても，すべてが凍ってしまう極低温や，すべてが蒸発してしまう超高温ではどのようにして温度を測ればいいのかわからなくなるだろう．

そこで，微視的（原子スケール）観点から温度の定義を考えてみよう．直感的には，高温状態とは，固体，液体，気体にかかわらず構成原子（または分子）が活発に運動している状態であることは知っているであろう．そして，すべての原子が停止した状態を絶対 0 度とすることにも異論はないだろう（厳密にいうと量子力学の不確定性原理より零点揺らぎは残る）．次に，温度目盛であるが，てっとりばやく，すでに求めたボルツマン分布のパラメータ T^* を温度と見な

せば，すでに示したように $T^*=0$ はすべての原子が静止した状態になり，有限温度では，たとえば理想気体に対し統計熱力学を適用し，状態方程式 $pV=nRT$ が得られれば，それをケルビン温度と見なしてもいいであろう．実際に定数 k をボルツマン定数 k_B とすることにより，両者が一致することが証明されている．ここでは，固体の比熱について，高温でデュロン-プティの法則 $(C=3R)$ が成り立つことを証明することにより両者が一致することを確認するにとどめる．なお，N をアボガドロ数，R を気体定数とすると，$R=Nk_B$ の関係にある．

このように温度をミクロの立場で定義しておくと，どのような温度でも，適当な温度測定法が見つかる．たとえば，後(3.3.3項)に示すように，鉄属イオンの結晶の磁化率は温度に反比例する(キュリーの法則)ことが容易に導け，適当な条件を満たす物質を選ぶことにより，1K以下の極低温でも温度を定義し測定することが可能である．また，太陽の表面温度など遠く離れた天体の表面温度は，後に示すボルツマン分布をエネルギー粒子に拡張して得られるプランク分布則に基づき，天体の光スペクトルを解析することにより正確に見積ることができる．ただし，実際の温度の測定はこれらの原理的に定義可能な温度計で校正した，より簡便な温度計，たとえば熱電対や抵抗温度計などが用いられる．

1.7 エントロピー

1.7.1 古典熱力学でのエントロピー

熱力学において温度と共に重要な役割を担う量がエントロピーである．これは，もともと古典熱力学において，可逆熱機関で保存される量として定義されたもので，その概念を理解するのはかなり難しい．先のカルノー機関で系が受け取る熱量を正と定義すると，(1-39)式は，

$$\frac{Q_1}{T_1}+\frac{Q_2}{T_2}=0 \tag{1-41}$$

と書け，より一般的な可逆熱機関では，各ステップで系が受け取る熱量を ΔQ_i, そのときの温度を T_i とすれば，1サイクルでの $\Delta Q_i/T_i$ の和は

$$\frac{\Delta Q_1}{T_1} + \frac{\Delta Q_2}{T_2} + \cdots + \frac{\Delta Q_N}{T_N} = 0 \tag{1-42}$$

となる．これを微分・積分形で表せば，

$$\oint \frac{dQ}{T} = 0 \tag{1-43}$$

と書ける．この可逆熱機関を，ある基準状態 0 から状態 A, 状態 B を経て，再び基準状態 0 に戻るサイクルと考えると，(1-43)式は

$$\int_0^A \frac{dQ}{T} + \int_A^B \frac{dQ}{T} + \int_B^0 \frac{dQ}{T} = \int_0^A \frac{dQ}{T} + \int_A^B \frac{dQ}{T} - \int_0^B \frac{dQ}{T} = 0 \tag{1-44}$$

となる．さてここで，

$$S_X = \int_0^X \frac{dQ}{T} \tag{1-45}$$

を，状態 X のエントロピー S と定義する．積分値は経路に依存しないので，S は状態関数である．つまり温度と体積を決めれば定まる量である．基準状態はエントロピー 0 の状態であるとすると，(1-44)式は

$$\int_A^B \frac{dQ}{T} = \int_0^B \frac{dQ}{T} - \int_0^A \frac{dQ}{T} = S_B - S_A \tag{1-46}$$

と書け，A から B にいたる任意の過程での dQ/T の積分値は，状態 A と状態 B のエントロピーの差として表せる．これが，古典熱力学におけるエントロピーの定義とその意味するところである．

1.7.2 統計熱力学でのエントロピー

このように，古典熱力学でエントロピーの概念を直感的に理解するのは難しい．しかし，統計熱力学では比較的容易で，結論を先にいえば，統計エントロピーはボルツマンの関係式

$$S = k_B \ln W \tag{1-47}$$

で与えられる．Wは(1-5)式で定義された配置数である．したがって，乱雑さを表すといってもいい量である．

問題は何故この量が(1-45)式で定義された古典熱力学におけるエントロピーと一致するかである．これを証明するために，(1-45)式の微分形，

$$dS = \frac{dQ}{T} \tag{1-48}$$

が(1-47)式から導けることを示す．

dQは系に流入する熱エネルギー量だが，体積一定の場合，これは系の内部エネルギーの増加量に等しい．したがって，

$$dQ = dU = \sum_i \varepsilon_i \, dN_i \tag{1-49}$$

で与えられる．すなわち，各エネルギー準位にある粒子数の変化量で表せる．その粒子数の変化に対し，(1-47)式で定義されたSの変化は

$$dS = k_B \, d(\ln W) = k_B \sum_i \frac{\partial \ln W}{\partial N_i} dN_i \tag{1-50}$$

で与えられる．熱平衡状態(ボルツマン分布)においては，(1-12)式より

$$dS = k_B \sum_i (-\alpha + \beta \varepsilon_i) \, dN_i \tag{1-51}$$

となり，全粒子数は不変なので，$\sum_i dN_i = 0$．したがって，$dS = k_B \beta \sum_i \varepsilon_i \, dN_i = \frac{dQ}{T}$が成り立ち，統計エントロピーは熱力学的エントロピーに等しいことがわかる．

●熱力学の第3法則

$T \to 0\,\mathrm{K}$では，すべての粒子が最低エネルギー状態(基底状態，アインシュタイン・モデルでは$n=0$の状態)に落ち込む．したがって$W=1$，ゆえに$S = k_B \ln W = 0$となり，熱力学の第3法則は自明のこととして理解できる．

1.8 自由エネルギーと状態和

1.8.1 ヘルムホルツ(Helmholtz)の自由エネルギー

たとえば，お椀に入れたパチンコ球がお椀の底に落ちつくのは，そこが位置（ポテンシャル）エネルギー最低の位置だからである．つまり力学系ではポテンシャルエネルギー極小が安定の条件となる．熱力学系では自由エネルギーがこれに対応する．定積条件下では

$$F = U - TS \tag{1-52}$$

で定義されるヘルムホルツの自由エネルギーが系の安定の条件を決める量となる．

この式のもつ意味を定性的に考察すると，たとえばアインシュタイン・モデルについて考えると，$T = 0\,\mathrm{K}$ ではすべての原子が最低エネルギー $\varepsilon_i = 0$，したがって，内部エネルギー $U = 0$ の状態が基底状態となる．有限温度では，

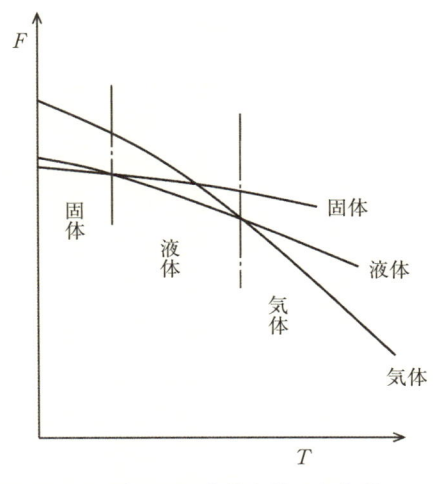

図 1-8 物質の自由エネルギーの温度依存性と相転移．$T = 0$ では固体の内部エネルギー U は最低であるが，エントロピー S は固体 < 液体 < 気体であり（エントロピーは(1-57)式より，自由エネルギー–温度曲線の勾配で与えられることに注意せよ！），温度が上昇すると気体の自由エネルギーが最小となって，固体→液体→気体の相転移が生じる．

$-TS$ の項の存在により，エネルギーが少し増加してもエントロピーが大きい，すなわちより乱雑な状態が有利となる．したがって，アインシュタイン・モデルでは図1-3の下図の状態が実現する．

また，自由エネルギーは物質の相転移を理解するとき重要な量である．通常，物質の内部エネルギーは，最近接原子間距離が最も短い結晶状態が最低であり，液体状態がそれに次ぎ，ほとんど無限遠に近い気体状態が最大である．一方，エントロピーは，その乱雑さから，結晶 < 液体 < 気体となるのは自明であろう．したがって，物質の基底状態は結晶状態であり，温度を上げると，液体→気体と相転移する．図1-8にこのときの各状態の自由エネルギーの温度変化を示す．なお，実際には定圧条件で論じる必要があり，この場合はギブス(Gibbs)の自由エネルギー

$$G = U - TS + pV \tag{1-53}$$

が相安定性の指標として用いられる．

1.8.2　自由エネルギーの微分表示

定積条件では系の状態を決める変数は体積 V，温度 T であり，ヘルムホルツの自由エネルギーは T，V の連続関数として一義的に決まる．したがって，全微分可能であり(1-52)式より，

$$dF = dU - TdS - SdT \tag{1-54}$$

が成り立つ．また，熱力学の第1法則より，

$$dU = dQ - pdV \tag{1-55}$$

エントロピーの微分形定義式(1-48)式より，$dQ = TdS$．したがって，

$$dF = -pdV - SdT \tag{1-56}$$

が成り立つ．V，T を変数とする全微分の性質より，

$$p = -\left(\frac{\partial F}{\partial V}\right)_T, \quad S = -\left(\frac{\partial F}{\partial T}\right)_V \tag{1-57}$$

となり，$U = F + TS$ より，

$$U = F - T\left(\frac{\partial F}{\partial T}\right)_V = -T^2\left[\frac{\partial (F/T)}{\partial T}\right]_V \tag{1-58}$$

1.8 自由エネルギーと状態和

と U は F の関数で表せ，定積比熱は

$$C_{\mathrm{V}} = \frac{dQ}{dT} = \frac{dU}{dT} \tag{1-59}$$

で与えられる．すなわち，F が与えられれば，すべての熱力学量がわかり，自由エネルギーはいわば万能の熱力学関数といえる．したがって，統計熱力学により F を求めることができれば，その系の熱力学的性質をすべて求めることができる．

1.8.3　状態和から自由エネルギーを求める

ヘルムホルツの自由エネルギー F は状態和 Z から容易に求めることができる．まず，ボルツマンの式より，

$$S = k_{\mathrm{B}} \ln W = k_{\mathrm{B}} \left(N \ln N - \sum_i N_i \ln N_i \right) \tag{1-60}$$

$N_i = P_i N = N \exp(-\varepsilon_i / k_{\mathrm{B}} T) / Z$ を使うと，簡単な計算より，

$$S = k_{\mathrm{B}} N \ln Z + \frac{1}{T} \sum_i N_i \varepsilon_i = k_{\mathrm{B}} N \ln Z + \frac{U}{T} \tag{1-61}$$

が得られる．これをヘルムホルツの自由エネルギーの定義式((1-52)式)と比較すると，

$$F = -N k_{\mathrm{B}} T \ln Z \tag{1-62}$$

が成り立つ．Z は(1-25)式で定義した状態和で，和は取り得るすべての状態について行う．ただし，原子数 N は Z の中に含めることもある．Z が求まれば，F がわかり，すべての熱力学量が計算できる！

なお，i 番目の状態が縮退(同一エネルギーに2つ以上の状態がある)している場合は

$$Z = \sum_i g_i \exp(-\varepsilon_i / k_{\mathrm{B}} T) \quad (g_i：縮退度) \tag{1-63}$$

で与えられる．

演習問題 1-1
　アインシュタイン・モデルについて，$N=9$, $E=5h\nu$ のとき，取り得る配置を列挙しそれぞれの配置数を示せ．さらに，各エネルギーレベルにある振動子数の期待値 $\langle n \rangle$ を求め，ボルツマン分布と比較せよ．

演習問題 1-2
　ボルツマン分布に従う系について自由エネルギーと状態和の関係式((1-62)式)を導け．

第2章 より一般的な統計熱力学

第1章では固体の比熱を例にとり，統計熱力学の考え方を述べたが，これはあくまで特殊な例であり，どのような場合でも当てはまるとは限らない．たとえば，固体の場合は個々の原子の位置は決まっており，原子に番号を付け配置数を計算したが，気体のように同じ原子がランダムに運動している場合，このような方法ではうまくいかない．また，系の全エネルギー E は一定としたが，現実の物質では，外部環境と熱エネルギーのやりとりを通じて，系のエネルギーは変動し得る．さらに，系の粒子数 N そのものも一定に保たれるとは限らない．本章では，このような場合でも取り扱えるよう，より一般的な統計熱力学理論を展開する．そのため，まず，ここで使われるいろいろな物理量や概念の定義を明らかにしておく．

2.1 古典熱力学の復習

本題の統計熱力学に入る前に，古典熱力学での熱力学量の定義やそれらの間の関係式を復習しておこう．ただし，導出方法については詳しくは述べない．また，一部の関係式はすでに前章で述べているが改めて書いておく．

2.1.1 熱力学の基本法則

温度 T_1，体積 V_1 にある系が，外部から熱エネルギー Q をもらい，仕事 A をなされた結果，温度 T_2，体積 V_2 になったとき，

（1） 熱力学の第1法則（エネルギー保存則）

系の内部エネルギー U の変化は，与えられた熱量 Q と系になされた仕事量 A の和に等しい．式で表せば

$$\Delta U = U_2 - U_1 = Q + A \tag{2-1}$$

となる．このように定義された内部エネルギーは変化の過程によらず，初期状態と最終状態の温度 T と体積 V（または圧力 p）により一義的に決まる．すなわち状態量である．

（2） 熱力学の第2法則（エントロピー増大の法則）

すでに，1.7.1項で述べたように，このときやりとりされる熱量 Q に対し，(1-45)式で定義されるエントロピー S の変化は，初期状態と最終状態の温度 T と体積 V（または圧力 p）により一義的に決まる．したがって，系が初期状態に戻ったときエントロピーは保存される．すなわちエントロピーも状態量である．ただし，状態の変化が非可逆的であればエントロピーは増加する．

（3） 熱力学の第3法則

絶対0度のエントロピーは0である．古典熱力学では経験則であるが，1.7.2項で述べたように統計熱力学では自明のこととして理解できる．

2.1.2　種々の熱力学量

状態変数：系の状態を指定する量で温度 T と体積 V がよく使われるが，一定圧力下での変化を問題とする化学熱力学分野では温度 T と圧力 p を使うことが多い．また，温度の代わりにエントロピー S や内部エネルギー U を変数として扱う場合もある．いずれにしても系の状態は2つの独立変数で指定できる．さらに，物質の量，すなわち粒子数も変化する場合は粒子数 N も変数となり，3つの独立変数で指定できる．

示量変数と示強変数：状態変数には他の変数が一定のとき，系を構成する物質の量（微視的には原子数）に比例して変化する量と物質の量には比例せず系の状態のみによって決まる量がある．前者を**示量変数**とよび体積や内部エネル

ギーなどがそれに当たる．また後者を**示強変数**とよび温度や圧力がそれに当たる．以下に述べる状態量についても同じことがいえ，その場合は示量性の量，示強性の量とよぶ．

　状態量：2つの独立変数を定めると一義的に決まる熱力学量．言い換えれば，独立変数を変化させたとき状態量の変化量は途中の経路とは関係なく初期状態と最終状態の状態変数の値のみで決まる．したがって，独立変数に対して全微分が可能である．以下にその定義と系を可逆的に微小変化させたときの関係式を示す．

（1）　内部エネルギー(U)

　前項で述べたように内部エネルギーは系に流入した熱量と系が外部からなされた仕事の和である．微視的には系を構成する粒子の運動エネルギーの総和と考えてよい．可逆変化の場合，$dS = dQ/T$ としてよいので，内部エネルギーの微小変化は

$$dU = TdS - pdV \tag{2-2}$$

で与えられる．U は状態量なので全微分可能で，S と V を独立変数とすると，

$$T = \left(\frac{\partial U}{\partial S}\right)_V, \quad p = -\left(\frac{\partial U}{\partial V}\right)_S \tag{2-3}$$

が得られる．S を状態量として U と V を独立変数と見なした場合は

$$dS = \frac{1}{T}dU + \frac{p}{T}dV \tag{2-4}$$

となるので，

$$\frac{1}{T} = \left(\frac{\partial S}{\partial U}\right)_V, \quad \frac{p}{T} = \left(\frac{\partial S}{\partial V}\right)_U \tag{2-5}$$

が得られる．古典熱力学では(2-5)式の第1式を温度の定義としている．

（1′）　エンタルピー(H)

　V の代わりに p を独立変数としたときの系のエネルギーで，

$$H = U + pV \tag{2-6}$$

で与えられる．化学熱力学分野ではこちらを使うことが多い．微分形では

$$dH = TdS + Vdp \tag{2-7}$$

したがって，

$$T = \left(\frac{\partial H}{\partial S}\right)_p, \quad V = \left(\frac{\partial H}{\partial p}\right)_S \tag{2-8}$$

が得られる．

（2） ヘルムホルツの自由エネルギー(F)

通常の力学系ではポテンシャルエネルギーが最小となる状態が安定状態となるが，熱力学系では，体積と温度を独立変数としたとき，次式で定義されるヘルムホルツの自由エネルギーが極小となる状態が安定(熱平衡)状態となる．

$$F = U - TS \tag{2-9}$$

微分形では，

$$dF = -SdT - pdV \tag{2-10}$$

したがって，

$$S = -\left(\frac{\partial F}{\partial T}\right)_V, \quad p = -\left(\frac{\partial F}{\partial V}\right)_T \tag{2-11}$$

が得られる．左の式から，エントロピー S は必ず正なので，自由エネルギーは温度とともに減少する．後に述べるように統計熱力学では，ヘルムホルツの自由エネルギーが比較的容易に求まり，これより(2-11)式などから熱力学量を導くことが多い．たとえば，F が既知の場合，内部エネルギー U は

$$U = F - T\left(\frac{\partial F}{\partial T}\right)_V = -T^2\left[\frac{\partial (F/T)}{\partial T}\right]_V \tag{2-12}$$

で与えられる．

（3） ギブスの自由エネルギー(G)

圧力と温度を独立変数としたとき次式で定義される．ギブスの自由エネルギーが極小となる状態が安定(熱平衡)状態となる．

$$G = H - TS = U + pV - TS = F + pV \tag{2-13}$$

微分形は

$$dG = -SdT + Vdp \tag{2-14}$$

したがって，

$$S = -\left(\frac{\partial G}{\partial T}\right)_p, \quad V = \left(\frac{\partial G}{\partial p}\right)_T \tag{2-15}$$

が得られる．

2.1.3 粒子数が変化する系

たとえば閉じた容器に少量の液体を入れた場合，適当な温度範囲では液相と気相が平衡し一定の蒸気圧を示す．この場合，容器内の粒子数や全エネルギーは一定であっても各相の粒子数は変化し得るので，一方の相を1つの系と見なすと，粒子数 N も状態を指定する変数としなければならない．このような系を**開いた系**とよぶ．T と p そして N を独立変数とする場合，平衡状態を決める指標として，まず両相の温度が等しくなることがあげられるが，各相の粒子数や気相の蒸気圧を決める要因として両相の1粒子当たりのギブスの自由エネルギーすなわち**化学ポテンシャル**が等しくなることが条件となる．化学ポテンシャルは通常 μ と表示され，$\mu = G/N$ で与えられる．微分形で表示すると(2-14)式を拡張し

$$dG = -SdT + Vdp + \mu dN \tag{2-16}$$

したがって，開いた系では，S, V, μ は

$$S = -\left(\frac{\partial G}{\partial T}\right)_{p,N}, \quad V = \left(\frac{\partial G}{\partial p}\right)_{T,N}, \quad \mu = \left(\frac{\partial G}{\partial N}\right)_{T,p} \tag{2-17}$$

で与えられる．化学熱力学の分野では化学ポテンシャルの代わりに

$$\lambda = \exp(\mu/k_B T) \quad \text{あるいは} \quad \mu = k_B T \ln \lambda \tag{2-18}$$

で定義される活量を使うことが多い．また，粒子が金属や半導体中の電子の場合，化学ポテンシャルはフェルミ準位に等しく，導体中の電子濃度や電池の起電力などを求める際必要な量である．

なお，独立変数を U, V, N とすると，

$$G = \mu N = U - TS + pV \tag{2-19}$$

より,

$$S = \frac{1}{T}(pV - \mu N + U) \tag{2-20}$$

したがって,

$$dS = \frac{1}{T}dU + \frac{p}{T}dV - \frac{\mu}{T}dN \tag{2-21}$$

より,

$$\frac{1}{T} = \left(\frac{\partial S}{\partial U}\right)_{V,N}, \quad \frac{p}{T} = \left(\frac{\partial S}{\partial V}\right)_{U,N}, \quad \frac{\mu}{T} = -\left(\frac{\partial S}{\partial N}\right)_{U,V} \tag{2-22}$$

が得られる．これらの関係式は後に述べる統計熱力学においても重要な意味をもつ．

2.2 統計熱力学の基礎概念

2.2.1 用語の定義

系(System)：対象とするもの．通常は巨視的な数(Nと表記する)の構成粒子からなる一定量の固体や気体をさす．これを多粒子系とよぶ．一般に粒子間には相互作用が働くが，相互作用が十分小さい場合，あるいは粒子間の相互作用を1粒子のエネルギーとして取り込むことが可能な近似ができる場合は取り扱いが容易で，特に「(粒子間)相互作用が無視できる」系とよぶ．本書で取り上げる系は大部分この場合に相当する．なお，特別な場合として1個の粒子を系とよぶこともある．

状態：系が取り得る状態．量子力学では1つの独立な波動関数が対応する．多粒子系では

$$\begin{aligned} &-\left(\frac{\hbar^2}{2m}\nabla_1^2 + \frac{\hbar^2}{2m}\nabla_2^2 + \cdots + \frac{\hbar^2}{2m}\nabla_N^2\right)\Psi(\boldsymbol{r}_1, \boldsymbol{r}_2, \cdots, \boldsymbol{r}_N) \\ &\quad + V(\boldsymbol{r}_1, \boldsymbol{r}_2, \cdots, \boldsymbol{r}_N)\Psi(\boldsymbol{r}_1, \boldsymbol{r}_2, \cdots, \boldsymbol{r}_N) \\ &= E\Psi(\boldsymbol{r}_1, \boldsymbol{r}_2, \cdots, \boldsymbol{r}_N) \end{aligned} \tag{2-23}$$

2.2 統計熱力学の基礎概念

で表せる多粒子系シュレーディンガー方程式の固有状態と考えてよい．状態を区別する指標としては i を使う（詳しくは，参考書（1），5.4節参照）．また，粒子間の相互作用が無視できる場合，多粒子系の状態は構成粒子の1粒子状態の組み合わせ（配置）により指定できる．古典粒子では運動量 p，位置座標 q で指定できる．多粒子系では $(p_1, q_1, \cdots, p_i, q_i, \cdots, p_N, q_N)$ で表せる $6N$ 次元の空間（位相空間とよぶ）の1点として指定できる．

状態のエネルギーとエネルギー準位：多粒子系が状態 i にあるときのエネルギーを E_i とし，1粒子のエネルギー ε_i と区別する．粒子間の相互作用が無視できる場合，多粒子系のエネルギーは1粒子のエネルギーの和で表せる．また，系が取り得るエネルギーをエネルギー準位とよび l 番目のエネルギー準位を E_l と表記する．縮退があれば複数の状態が等しいエネルギー準位 E_l をもつ．

統計集合またはアンサンブル（Ensemble）：ある条件を満たす系の集合．次項に示すようにいろいろな種類の集合が考えられる．このとき，各系の粒子数を N_m，エネルギーを E_m とする．また，集合を構成する系の数を M と表記する．なぜこのような集合を考えるかというと，現実の物質は1つの系であるが，構成粒子の状態は与えられた条件下で時間的に変動している．我々が観測するのはこの時間的変動の平均値であるが，これを，集合を構成する系の状態の平均と見なして計算するためである．この考え方は 2.2.3 項に述べるエルゴード仮説に相当し統計熱力学の基本仮説の1つである．

縮退数または配置数：系や集合がある特定のエネルギー，あるいは，エネルギー準位が $E \sim E + \Delta E$ にある状態数は統計熱力学では重要な意味をもち，以後 W と表記する．量子力学では多粒子系の固有状態の**縮退数**に相当し巨視的量となる．粒子間の相互作用が無視できる系の場合は構成粒子のエネルギーの和が E となる1粒子状態の組み合わせ（配置）数と考えてよく，以後，**配置数**とよぶ．前章のアインシュタイン・モデルでは，全エネルギー E を与えたときに取り得る個々の振動子の状態の組み合わせ数で (1-5) 式で与えられる．古典粒子の場合は系のエネルギーが $E \sim E + \Delta E$ となる位相空間の体積を位相空間のセルの体積 h^{3N} で割った数と考えてよい（3.1.1 項参照）．なお，系の

エネルギー準位が E_l であるときの配置数(縮退数)を W_l と表記し，1粒子エネルギー準位の縮退数 g_l と区別して表す．また配置数のことをテキストによって，状態数，縮退数，統計的重率などとよぶことがある．

2.2.2 統計集合の種類

（1） 小正準集合（Microcanonical Ensemble）

系の粒子数とエネルギーが一定の系からなる集合．すなわち，$N_m = N$，$E_m = E$ とする．構成する系は互いに断熱壁に閉じ込められ，配置のみ異なる（**図 2-1**（a））．個々の構成粒子に番号を付け区別できる場合もある．

（2） 正準集合（Canonical Ensemble）

系の粒子数は一定だがエネルギーは変動する集合．互いに熱伝導性のある障壁に囲まれた系からなる集合と考えてよい（図 2-1（b））．このとき，各系のエネルギーを E_m とすると，集合の全エネルギー E_T は一定とする．すなわち，

$$E_T = \sum_{m=1}^{M} E_m \quad (\text{一定}) \tag{2-24}$$

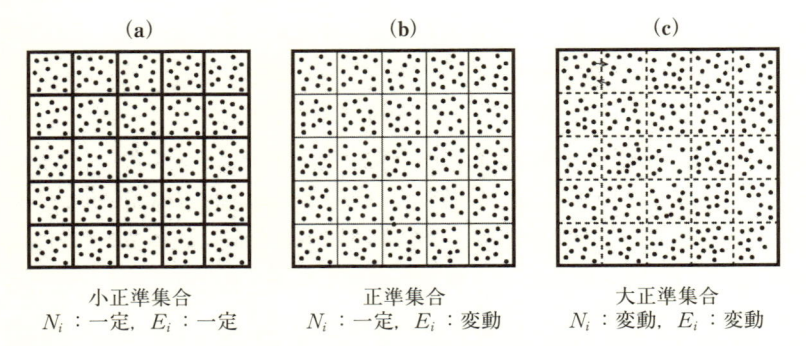

図 2-1 統計集合の概念図．大きい四角は集合全体の境界．小さな四角は系の境界．太線は断熱障壁．細線は熱伝導性のある障壁．点線は粒子の透過性のある障壁を表す．実際の物質を任意の1つの系(たとえば中心の箱)とし，他の系は中心の箱に対する環境(熱だめ)と考える．

（3） 大正準集合(Grandcanonical Ensemble)

粒子数，エネルギーともに変動する系の集合．互いに粒子透過性・熱伝導性のある障壁に囲まれた系からなる集合と考えてよい(図 2-1(c))．集合の全粒子数 N_T，全エネルギー E_T は一定とする．すなわち，

$$N_T = \sum_{m=1}^{M} N_m, \quad E_T = \sum_{m=1}^{M} E_m \quad (一定) \tag{2-25}$$

2.2.3 基本仮定

（1） エルゴード仮説：系の物理量の時間平均は集合平均に等しい．

実際に観測される物理量は時間とともに変化する1つの系の状態の時間平均であるが，その時間平均は多数の系からなる集合の統計平均に等しいというもの．**アンサンブル平均**ともいう．

（2） 等重率の仮説：系のどの配置も確率論の対象として対等である．

いいかえれば，系がある特定の配置をとる確率はすべて等しいということ．図 2-1 の概念図に即していうと，1つの系を表す小さい四角がすべて対等であり，統計平均は同じ「重み」を付けて計算すればよいということになる．アインシュタイン・モデルを例にとると，1つの振動子が全エネルギーに等しい高エネルギー準位をとり，他の振動子が基底準位にある配置をとる確率は一見きわめて小さいように思えるが，これは，このような配置をとる配置数が少ないだけで，ボルツマン分布に近いような配置をとる状態であっても（たとえば図 1-3 の下図のような配置），その中の1つの特定の配置をとる確率はすべて等しいとする仮説．

2.3 統計熱力学理論の展開

2.3.1 出発点としてのエントロピーの定義

以上に述べた用語や仮定に基づき統計熱力学理論を展開する際いろいろな手

法があるが，基本となる考え方は，「集合や系にある特定の条件を与えたとき，その条件を満たすあらゆる配置を求め，それらの配置での系の熱力学量の平均を求めること」といっていいだろう．当然，得られる熱力学量は最も頻繁に現れる配置，すなわち最大の配置数をもつ配置の値に近い値を示す．これが，熱平衡状態での熱力学量である．このとき最も基本となる熱力学量は，配置数を W としたとき $S = k_B \ln W$ で定義されるエントロピーである．前章でアインシュタイン・モデルにより熱力学的諸量を求めたとき，配置数を W とすると，(1-47)式で与えられる量が古典熱力学で定義したエントロピーと一致するとして説明したが，ここでは，改めてこの式(**ボルツマンの関係式**)

$$S = k_B \ln W \tag{2-26}$$

を出発点として他の熱力学量を導くという手法をとる．いいかえれば，与えられた条件のもとで最大のエントロピーをもつ配置を求め他の熱力学量を導く．このとき，与えられる条件は前節で述べた集合の種類で決まり，以下に，異なった種類の集合について系の熱力学量を求める．

2.3.2 正準集合での熱力学量

　正準集合とは，粒子数が一定で，エネルギーが変動する系の集合である．系の熱力学量を求めるに当たって，まず決める必要があるのは，系のエネルギー準位でありこれは量子力学より状態 i のエネルギー固有値 E_i として求まる．E_i が属すエネルギー準位を E_l とし，その配置数を W_l とする．また m 番目の系がとるエネルギー準位を E_m と表記する．ある1つの系が取り得るエネルギー準位は任意だが，集合の全エネルギー E_T が一定であるという制限(2-24)式があるのですべての系が任意のエネルギー準位を取り得るわけではない．たとえば，極端な場合として，注目した系が集合の全エネルギー E_T に等しい高エネルギー状態にあるとすると，他の系は最低エネルギー準位 ($E_m = 0$) しか取り得ず，このような場合の配置数は，$E_m = E_T$ となる系としてどの系を選ぶかの選択肢数，すなわち集合に含まれる系の数 M のみとなる．逆に注目した系が基底状態にある場合は，他の $M-1$ 個の系のエネルギーの和が全エネルギー E_T となるような組み合わせが許され，きわめて大きな数となる．この

間の事情は前章で調べた小数の振動子からなる系の配置数の計算を思い出せば容易に理解できるだろう．以下，ある注目した系のエネルギーが $E_i = E_l$ である場合について，エントロピーと温度を求め，系がその状態にある確率，すなわちボルツマンの分布則を導こう．

（1） エントロピーと温度

　系のエントロピーと温度を求めるには集合の全エネルギー E_T を定める必要があるが，これは系の温度を決めるのと同等である．実際に観測される温度は内部エネルギーが変動する1つの系の時間平均であるが，統計熱力学ではこれを集合の平均に置き換えるので，温度は各系の状態で定まるものでなく，集合全体の性質として定まる．したがって，その集合に属する各系の温度はすべて同じ温度 T にあるとしなければならない．いいかえれば，注目した系が，他のすべての($M-1$個の)系を温度 T の熱だめ(Reservoir)と見なし，これと熱平衡状態にあると見なすことと同等である．当然，集合の全エネルギーが大きいほど温度が高い状態にあると見なしていいだろう．以下，具体的に系と集合のエントロピーと温度を求める．

　エントロピーは(2-26)式で与えられるので，配置数 W がわかればよい．注目した系のエネルギーが E_l であったとき，その系の取り得る配置数はエネルギー縮退度に等しく，これを W_l とする．なお，ここでいう縮退度は，1粒子シュレーディンガー方程式を解いて求まる縮退度ではなく多粒子系の縮退度であり，実際には系のエネルギーを E_l と定めたとき各粒子が取り得る配置数と見なしてよく，巨視的な値をもつことに注意しよう．N 個の振動子からなる系を例にとると(1-5)式で与えられる配置数に等しい．また，注目した系を取り去った集合の，すなわち熱だめ(以下熱だめ集合とよぶ)の配置数は，集合の全エネルギー E_T から注目した系のエネルギー E_l を差し引いたエネルギー $E_R = E_T - E_l$ をもつ熱だめ集合に対する配置数で，これを W_R とする．

　注目した系のエネルギーを E_l に固定したとき，全集合が最も頻繁にとる配置，すなわち，熱平衡状態にある配置数は，$W_T = W_l \times W_R$ が最大となる場合と考えてよい．これを，エントロピーに書き直すと，$S_T = k_B \ln W_T$

$= k_\mathrm{B} \ln(W_l W_\mathrm{R}) = S_l + S_\mathrm{R}$ と書け，E_l を変数として極大をとる条件式は

$$\frac{dS_\mathrm{T}}{dE_l} = \frac{dS_l}{dE_l} + \frac{dS_\mathrm{R}}{dE_l} = 0 \tag{2-27}$$

で与えられる．一方 $E_\mathrm{T} = E_l + E_\mathrm{R}$ より，$dE_\mathrm{T} = dE_l + dE_\mathrm{R} = 0$ なので，$dE_l/dE_\mathrm{R} = -1$ であり，条件式(2-27)は

$$\frac{dS_l}{dE_l} = \frac{dS_\mathrm{R}}{dE_\mathrm{R}} \tag{2-28}$$

と書き直せる．一方，熱力学での温度の定義はエントロピーをエネルギーで微分した値の逆数((2-5)式)なので，この条件式は熱平衡状態では，注目した系の温度と熱だめの温度が等しくなることを表している．

（2） ボルツマン分布則

次に，注目した系に，エネルギーが E_i である特定の状態が現れる確率 $P(E_i)$ を導こう．$P(E_i)$ は集合全体の配置数を W_T，注目する系のエネルギーを E_i に固定した場合，熱だめ集合が取り得る配置数を W_R とすると，

$$P(E_i) \propto \frac{W_\mathrm{R}}{W_\mathrm{T}} \tag{2-29}$$

と考えてよい．ここで，注目した系のエネルギーを少し大きくして $E_{i'} = E_i + \Delta E_i$ とし，この場合の確率を $P(E_{i'})$ とすると，ボルツマンの式より

$$\frac{P(E_{i'})}{P(E_i)} = \frac{W_{\mathrm{R}'}}{W_\mathrm{R}} = \frac{\exp(S_{\mathrm{R}'}/k_\mathrm{B})}{\exp(S_\mathrm{R}/k_\mathrm{B})} = \exp(\Delta S_\mathrm{R}/k_\mathrm{B}) \tag{2-30}$$

が成り立つ．ΔE_i を微少量とすると，温度の定義より，

$$\frac{1}{T} = \frac{\Delta S_\mathrm{R}}{\Delta E_\mathrm{R}} \tag{2-31}$$

かつ，$\Delta E_\mathrm{R} = -\Delta E_i$ なので，(2-30)式は

$$\frac{P(E_{i'})}{P(E_i)} = \exp(-\Delta E_i/k_\mathrm{B}T) \tag{2-32}$$

と書ける．この関係を満たすには，$P(E_i) \propto \exp(-E_i/k_\mathrm{B}T)$ であればよく，

2.3 統計熱力学理論の展開

比例定数を $1/Z$ とすれば，注目した系のエネルギーが E_i である状態が現れる確率は

$$P(E_i) = \frac{e^{-E_i/k_B T}}{Z} \tag{2-33}$$

となり，ボルツマンの分布式が導ける．P は確率なので系が取り得るすべての状態についての和をとれば 1 となり，したがって，

$$Z = \sum_i e^{-E_i/k_B T} \tag{2-34}$$

であり，これを**状態和**(または**分配関数**)とよぶ．なお，和を状態でなく，系が取り得るエネルギー準位の和とすると

$$Z = \sum_l W_l e^{-E_l/k_B T} \tag{2-35}$$

と書ける．

また，系がエネルギー E_l の任意の状態をとる確率 $f(E_l)$ は (2-33) 式に W_l をかけた値となるので，

$$f(E_l) = W_l(E_l) P(E_l) = W_l(E_l) \frac{e^{-E_l/k_B T}}{Z} \tag{2-36}$$

となる．証明は略すが，$W_l(E)$ は一般に E について急激な増加関数であり

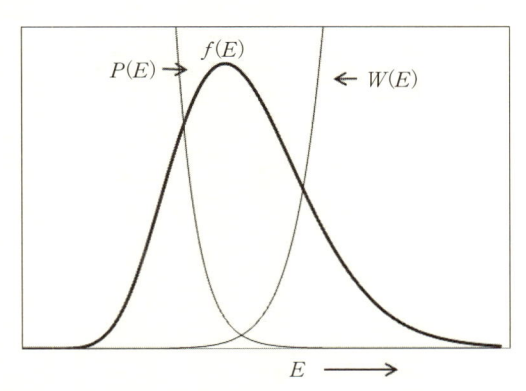

図 2-2 正準集合でのエネルギー分布．$P(E)$：エネルギー E の特定の状態が現れる確率(ボルツマン分布則)，$W(E)$：エネルギーが E となる状態の縮退度(組み合わせ数)，$f(E)$：エネルギー E の任意の状態が現れる頻度．

(第1章の少数振動子の配置数を考えればわかるであろう），逆に急激な減少関数である $P(E)$ との積である $f(E)$ は，図 2-2 に示すように，系の平均エネルギー

$$\langle E_i \rangle = \sum_i E_i P(E_i) \tag{2-37}$$

を中心に，鋭いピークをもつ関数である．つまり，正準集合を作る系のエネルギーはほとんど平均エネルギーに近い値をもち揺らいでいる．このことは，正準集合は後に示す系のエネルギーを固定する小正準集合と実際上それほど違わないことを意味している．

（3） ヘルムホルツの自由エネルギー

前章で，アインシュタイン・モデルについて，状態和から自由エネルギーが求まることを示したが，ここではより一般的に，状態和とヘルムホルツの自由エネルギーの関係を求める．系の平均エネルギー（内部エネルギー）はボルツマン分布則より

$$U = \langle E_i \rangle = \sum_i P_i E_i = \frac{\sum_i E_i e^{-E_i/k_B T}}{\sum_i e^{-E_i/k_B T}} \tag{2-38}$$

と書ける．これまで，表に現れてこなかったが，系のエネルギーは体積に依存するので，系の圧力は(2-3)式より

$$p_i = -\left(\frac{\partial E_i}{\partial V}\right)_T \tag{2-39}$$

で与えられる．状態和を T と V の関数としてその対数の微分を求めると，関係式

$$d(\ln Z) = d\ln\left(\sum_i e^{-E_i/k_B T}\right)$$

$$= \frac{1}{Z}\left\{\frac{1}{k_B T^2}\left(\sum_i E_i e^{-E_i/k_B T}\right)dT - \frac{1}{k_B T}\left[\sum_i \left(\frac{\partial E_i}{\partial V}\right)_T e^{-E_i/k_B T}\right]dV\right\}$$

$$= \frac{\langle E_i \rangle}{k_B T^2}dT + \frac{1}{k_B T}\langle p_i \rangle dV \tag{2-40}$$

2.3 統計熱力学理論の展開

が得られる．一方，(2-9)式で定義されたヘルムホルツの自由エネルギーを温度で割った量の微分形は，(2-12)式，(2-11)式を用い

$$d(F/T) = \left[\frac{\partial (F/T)}{\partial T}\right]_V dT + \left[\frac{\partial (F/T)}{\partial V}\right]_T dV$$

$$= -\frac{U}{T^2}dT - \frac{p}{T}dV \tag{2-41}$$

となる．$U = \langle E_i \rangle$，$p = \langle p_i \rangle$ と考えてよいので，(2-40)式と(2-41)式を比較すると，

$$F = -k_B T \ln Z \tag{2-42}$$

が得られ，状態和が求まれば自由エネルギーが求まり，(2-11)，(2-12)式などの熱力学関係式により他の熱力学量が求まる．

(4) 粒子間相互作用が小さい系の正準集合

これまで述べてきたように，正準集合では系のエネルギー E_i が求まれば，(2-34)式より状態和 Z が，(2-42)式よりヘルムホルツの自由エネルギーを求めることができ，系のあらゆる熱力学量を求めることができる．ただ，これは一般論であり，実際の多粒子系について E_i を求めるのは容易でない．しかし，粒子間の相互作用が小さく，系のエネルギーが構成する粒子のエネルギー ε_k の和で近似できる場合，すなわち，$E_i = \sum_{k=1}^{N} \varepsilon_k$ が成り立つ場合は計算をより簡単化できる．今，k 番目の粒子が状態 j_k にあるときのエネルギーを ε_{j_k} とすると，系の状態和は，各々の粒子の取り得るすべての状態を足し合わせ，

$$Z = \sum_{j_1}\sum_{j_2}\cdots\sum_{j_N} \exp\{-(\varepsilon_{1j_1} + \varepsilon_{2j_2} + \cdots + \varepsilon_{Nj_N})/k_B T\} \tag{2-43}$$

と書けるが，粒子 k の状態和を

$$z_k = \sum_{j_k} \exp(-\varepsilon_{j_k}/k_B T) \tag{2-44}$$

とすると，(2-43)式は

$$Z = z_1 z_2 \cdots z_N \tag{2-45}$$

に等しくなる．粒子は同じ種類なので，
$$z_1 = z_2 = \cdots = z_N = z \tag{2-46}$$
としてよく，結局この系の状態和は
$$Z = \left(\sum_j e^{-\varepsilon_j/k_B T}\right)^N = z^N \tag{2-47}$$
と書ける．したがって，系のヘルムホルツの自由エネルギーは
$$F = -k_B T \ln Z = -N k_B T \ln z \tag{2-48}$$
で与えられる．すなわち，1粒子の状態和から求まる1粒子当たりの自由エネルギーをN倍すればよい．第1章でアインシュタイン・モデルについて求めた自由エネルギーはこの場合に相当する．ただ，注意しなければならないのは，この方法では，各粒子に番号をつけて状態を区別しているので，アインシュタイン・モデルのように，同じ粒子であっても，その場所によって粒子を区別できる場合は当てはまるが，粒子が気体である場合，系のエネルギーが構成粒子の和で表せる場合であっても，粒子に番号をつけて状態を区別することができないので，自由エネルギーを求めるときは適当な補正が必要となる．これについては後に理想気体についての適用例の項で説明するが，(2-47)式の代わりに，$Z = z^N/N!$ を用いればよい．

2.3.3　開いた系の熱力学量と大正準集合

（1）　エントロピーと化学ポテンシャル

粒子数も変動し得る系，すなわち開いた系の熱力学量も大正準集合を用いることにより，前項で述べた正準集合と同じ手法で求めることができる．ここで，集合全体のエネルギーをE_T，粒子数をN_Tとし，この条件下での配置数をW_T，それに対応するエントロピーをS_T，注目する系のエネルギー，粒子数をそれぞれE_l, Nとしたときの配置数をW_l，エントロピーをS_l，注目する系を取り去った残りの集合，すなわち熱だめ集合のそれらを，E_R, N_R, W_R, S_Rとすると，W_Tが極大値をとる，すなわち熱平衡にある条件式は，エネルギーに関しては，正準集合の場合と同様に

2.3 統計熱力学理論の展開

$$\frac{dS_l}{dE_l} = \frac{dS_R}{dE_R} = \frac{1}{T} \tag{2-49}$$

で与えられ，系と熱だめの温度が等しくなることがわかる．これに加え，粒子数を変化させたときに W_T が極大値をとる条件式として，$S_T = S_l + S_R$ より，

$$\frac{dS_T}{dN} = \frac{dS_l}{dN} + \frac{dS_R}{dN} = 0 \tag{2-50}$$

$N_T = N + N_R$ より $dN/dN_R = -1$，したがって

$$\frac{dS_l}{dN} = \frac{dS_R}{dN_R} \tag{2-51}$$

が得られ，化学ポテンシャルの定義式 $\mu/T = -(\partial S/\partial N)_{U,V}$ ((2-22)式)より，平衡状態では系と熱だめの化学ポテンシャルが等しくなることを示している．

（2） ギブス分布則

注目した系のエネルギーが E_i，粒子数が N である特定の状態をとる確率 $P(E_i, N)$ を求めよう．前節でボルツマン分布則を求めたときと同様に，系のエネルギーを ΔE，粒子数を ΔN 増やしたときのエネルギー，粒子数をそれぞれ E_i', N' とし，その状態が現れる確率を $P(E_i', N')$ とすると，

$$\frac{P(E_i', N')}{P(E_i, N)} = \frac{W_{R'}}{W_R} = \frac{\exp(S_{R'}/k_B)}{\exp(S_R/k_B)} = \exp(\Delta S_R/k_B) \tag{2-52}$$

が得られる．系のエネルギーと粒子数を変えた場合，ΔS_R は(2-21)式より

$$\Delta S_R = \frac{\Delta E - \mu \Delta N}{T} \tag{2-53}$$

かつ，$\Delta E_R = -\Delta E_i$, $\Delta N_R = -\Delta N$ なので，(2-52)式を満たすには $P(E_i, N) \propto \exp\{(-E_i + \mu N)/k_B T\}$ であればよく，比例定数を $1/\Xi$ とすれば，$P(E_i, N)$ は

$$P(E_i, N) = \frac{e^{-(E_i - \mu N)/k_B T}}{\Xi} \tag{2-54}$$

となり，ギブス分布則が導ける．ここで，Ξ は大きな状態和とよばれ，その逆

数は規格化定数でもあるので，

$$\Xi = \sum_{N=0}^{\infty} \sum_i e^{-(E_i - \mu N)/k_B T} \tag{2-55}$$

で与えられる．ここで，系の粒子数 N の上限は本来集合全体の粒子数 N_T であるが，これはいくらでも大きく取り得るので無限大としてもよい．

（3） 開いた系の熱力学量

(2-54)式より粒子数が N，エネルギーが E_i である系の出現する確率が求まったので，その系の物理量 A の平均値は

$$\langle A \rangle = \frac{\sum_{N=0}^{\infty} \sum_i A \exp\{(-E_i + \mu N)/k_B T\}}{\Xi} \tag{2-56}$$

で与えられる．具体的に平均粒子数は

$$\langle N \rangle = \frac{\sum_{N=0}^{\infty} \sum_i N \exp\{(-E_i + \mu N)/k_B T\}}{\Xi} \tag{2-57}$$

で与えられるが，大きな状態和の微分の性質から，

$$\langle N \rangle = k_B T \frac{\partial \Xi / \partial \mu}{\Xi} = k_B T \frac{\partial \ln \Xi}{\partial \mu} \tag{2-58}$$

と書ける．逆に平均粒子数が与えられたとき，化学ポテンシャル μ は(2-58)式を満足する値として求めることができる．また，エネルギーの平均値，すなわち内部エネルギーは

$$U = \langle E_i \rangle = \frac{\sum_{N=0}^{\infty} \sum_i E_i \exp\{(-E_i + \mu N)/k_B T\}}{\Xi} \tag{2-59}$$

で与えられる．

2.3.4 小正準集合での熱力学量

　小正準集合とは系の粒子数 N，エネルギー E 共に一定とする場合で，系のエネルギーは指定されているのでボルツマン分布則は使えず，系の配置数からエネルギーの関数としてエントロピー $S(E)$ を求め，(2-5)式，(2-9)式などの熱力学の公式を使い他の熱力学量を計算すればよい．具体的には各粒子のエネルギー準位 ε_i がわかっている場合は，

$$E = \sum_{i=1}^{N} \varepsilon_i = 一定 \tag{2-60}$$

を満足する配置数 $W(E)$ を求め

$$S(E) = k_B \ln W(E) \tag{2-61}$$

よりエントロピーを求めればよい．ただし，配置数を計算するとき，各粒子に番号をつけて区別できる場合（アインシュタイン・モデルなど）とできない場合（たとえば気体の系など）があり注意する必要がある．なお，実際には系は熱だめとエネルギーのやりとりをしているので，厳密には小正準集合では取り扱えないはずであるが，図 2-2 でわかるように正準集合においても，系が取り得るエネルギーは平均エネルギー付近に強いピークをもつ分布をしているので，それほど悪い近似ではない．4.2 節で取り上げる合金の規則度の計算はこの手法を適用している．さらに，構成粒子間の相互作用が無視できる系の場合は，1粒子からなる系を考え正準集合について得られた手法で熱力学量を計算するのと同等の結果が得られる．実は前章で扱ったアインシュタイン・モデルによる比熱の計算はこの手法を適用している例といってもよいだろう．

2.4　実際の系への統計熱力学の適用

　この章では統計熱力学の一般的な考え方や解法を学んだが，ここでは実際に興味ある系に統計熱力学理論を適用する際の指針を示す．ただし，初等的な計算で解が求まるのは，粒子間の相互作用が十分小さく，系のエネルギーが構成粒子のエネルギーの和として求まる場合に限られる．相互作用が無視できない

場合についても，何らかの近似により，系のエネルギーが構成粒子のエネルギーの和として表す工夫をしておく必要がある(例えば，多電子系におけるハートリー近似(参考書(1)，5.4.1項参照)，強磁性体における分子場近似(4.3.2項参照)など). 以下，このような系についての適用方法を箇条書きで示す.

(1) どの統計集合を採用するかを決める.

　　粒子数が一定の場合は正準集合または小正準集合を採用する．そのどちらを選択するかであるが，粒子間相互作用が無視できる系の場合，1粒子を系とする正準集合は，集合全体を1つの小正準集合と見なせば両者は等価であり，どのような熱力学量を求めたいかによって決めればよい．粒子数が変化し得る系については大正準集合を採用する.

(2) 正準集合の適用Ⅰ—自由エネルギーから熱力学量を求める.

　　(i) 1粒子状態和 $z = \sum_j \exp(-\varepsilon_j/k_BT)$ ((2-44)式)を求める.

　　(ii) (2-48)式より系のヘルムホルツの自由エネルギー F を求める. このとき，粒子が互いに区別できない場合は系の状態和を $N!$ で割っておく必要がある.

　　(iii) ヘルムホルツの自由エネルギー F より熱力学公式を使って各種熱力学量を求める.

(2′) 正準集合の適用Ⅱ—ボルツマン分布則より熱力学量を求める.

　　構成粒子を1粒子系と見なし，ボルツマン分布則より粒子が状態 i にある確率

$$p(\varepsilon_i) = \frac{e^{-\varepsilon_i/k_BT}}{z} \tag{2-62}$$

を求め，微視的な観点から系の熱力学量の期待値を求める．前章のアインシュタイン・モデルによる比熱の計算はおおむねこの手法によるといってよい.

(3) 小正準集合の適用.

　　(i) 系のエネルギーが $E = \sum_{i=1}^{N} \varepsilon_i$ となる1粒子状態の配置数 W を求め

2.4 実際の系への統計熱力学の適用

る.

（ⅱ） エントロピー $S = k_\mathrm{B} \ln W$ を求め，系のヘルムホルツの自由エネルギー $F = E - TS$ を求める.

（ⅲ） ヘルムホルツの自由エネルギー F より熱力学公式により各種熱力学量を求める.

（**4**） 大正準集合の適用.

一般的には(2-55)式より大きな状態和 $\varXi$ を求め，ギブス分布則より熱力学量を求めればよい．粒子間相互作用が無視できる系の場合は大きな状態和も1粒子状態和に還元できるが，具体的な方法は粒子の性質によって異なり，フェルミ粒子，ボース粒子についての計算例を第3章に示す(3.2.1項，3.2.3項参照).

第 3 章 基本的な系の統計熱力学

前章では統計熱力学の一般的な取り扱い方を学んだが，かなり抽象的でわかりにくい．本章ではいくつかの基本的な系を取り上げ，それらの熱力学的ふるまいを明らかにする．いずれの例も2.3.2(4)項で学んだ，粒子間相互作用が小さく，系のエネルギーが構成粒子のエネルギーの和で表せる系を取り扱う．

3.1 理想気体—古典粒子の統計力学—

これまで学んできた系は，シュレーディンガー方程式の固有解として与えられ，状態は固有関数 Φ_i，エネルギー準位は固有エネルギー E_i として各粒子は互いに識別できるものとして扱ってきた．統計熱力学はこれらの状態の配置数からエントロピーを求めたり(小正準集合)，あるいは状態和から自由エネルギーを計算すること(正準集合)を出発点とするので，以下に述べる古典的な粒子よりもむしろ扱いやすい．それに対し，古典粒子の場合，状態は個々の粒子の運動量と位置座標によって指定されるが，これらの量は連続的に変化する量なので配置数や状態和を計算するには少し工夫がいる．本節では，構成粒子間に相互作用が働かない，すなわち理想気体について，状態和を計算し熱力学量を求める方法を紹介する．

3.1.1 状態和と自由エネルギー

古典力学では粒子(質点)の状態はその運動量 p と位置座標 q によって与えられるが，多粒子系の場合，個々の粒子の運動量を $\boldsymbol{p}_i$，位置座標を $\boldsymbol{q}_i$ とすると，系の状態は，$(\boldsymbol{p}_1, \boldsymbol{q}_1, \cdots, \boldsymbol{p}_i, \boldsymbol{q}_i, \cdots, \boldsymbol{p}_N, \boldsymbol{q}_N)$ で指定できる $6N$ 次元空間の1

点で表せる．この $6N$ 次元の空間を**位相空間**とよび，系の状態を指定する点を**代表点**とよぶ．系のエネルギーは各粒子の運動エネルギーの和なので，粒子の質量を m とすれば(重力によるポテンシャルエネルギーは無視する)，

$$E = \frac{1}{2m} \sum_{i=1}^{N} (p_{xi}^2 + p_{yi}^2 + p_{zi}^2) \tag{3-1}$$

で与えられる．各粒子は運動方程式に従って運動するが，系全体の状態は代表点の移動として表せる．統計熱力学の基本仮定の1つ，**エルゴード仮説**(2.2.3(1)項)により系の熱力学量の時間平均は代表点の軌跡の密度から計算できる．また，**等重率の仮説**より軌跡の空間密度は一定となる．

以上は単純に古典力学の教えるところであるが，このままでは状態数を数えることを基本とする統計力学では扱えない．そこで，位相空間を細分化し，1つの状態に対応するセル(小胞)の集まりと見なして計算する．セルの大きさは量子力学の基本式である不確定性原理 $\Delta x \Delta p \gtrsim h$ より，$6N$ 次元の位相空間では $(\Delta p \Delta q)^{3N} = h^{3N}$ の体積をもつと考えればよい．なぜなら，不確定性原理よりこれ以上の精度で状態を区別できないからである．セルの大きさは十分に小さいので，状態和は h^{3N} を体積素片とする積分に置き換えることができる．以下の計算は，系を1辺 L の立方体に閉じ込められた質量 m の N 個の粒子からなる理想気体とし，状態和を計算し自由エネルギーを求める方法で行う．

理想気体は粒子間相互作用が十分小さい系と見なせるので，2.3.2(4)項で示したように1粒子の状態和を求めればよい．この場合，1粒子の位相空間は6次元となり，セルの体積は h^3 となる．1粒子の状態和は

$$z = \sum_i e^{-\varepsilon_i/k_B T} = \frac{1}{h^3} \iiint_{\substack{0<x<L \\ 0<y<L \\ 0<z<L}} \iiint_{\substack{-\infty<p_x<\infty \\ -\infty<p_y<\infty \\ -\infty<p_z<\infty}} e^{-(p_x^2 + p_y^2 + p_z^2)/2mk_B T} dxdydzdp_x dp_y dp_z$$

$$= \frac{L^3}{h^3} \left\{ \int_{-\infty}^{\infty} e^{(-p_x^2/2mk_B T)} dp_x \right\}^3 = \frac{V}{h^3} (2\pi m k_B T)^{\frac{3}{2}} \tag{3-2}$$

と求まる．系の状態和は(2-47)式より，

$$Z = z^N = \left\{ \frac{V}{h^3} (2\pi m k_B T)^{\frac{3}{2}} \right\}^N \tag{3-3}$$

3.1 理想気体—古典粒子の統計力学—

となり，したがって，自由エネルギー

$$F = -Nk_B T \ln z$$
$$= -Nk_B T \left\{ \ln V + \frac{3}{2} \ln T + \frac{3}{2} \ln\left(\frac{2\pi m k_B}{h^2}\right) \right\} \tag{3-4}$$

を得る．ただ，この結果は，示量性の状態量である F が $N \ln V$ に比例するという不合理な項を含んでおり正確でない．その原因は，系の状態和を1粒子の状態和の積に還元して求める際，個々の粒子は番号をつけ区別できると仮定しているが，気体の場合，この仮定が成り立たず，状態和の中で $N!$ 個の重複が生じている．したがって，この場合は

$$Z = \frac{z^N}{N!} \tag{3-5}$$

として計算する必要がある．この補正を導入し $N!$ に対しスターリングの近似式((1-13)式)を使えば，正しい自由エネルギーは

$$F = -Nk_B T \left\{ \ln\left(\frac{V}{N}\right) + \frac{3}{2} \ln T + \frac{3}{2} \ln\left(\frac{2\pi m k_B}{h^2}\right) + 1 \right\}$$
$$= Nk_B T \ln\left\{ \frac{N}{V} \left(\frac{h^2}{2\pi m k_B T}\right)^{\frac{3}{2}} \right\} - Nk_B T \tag{3-6}$$

で与えられる．V/N は粒子1個当たりの体積であり示強変数と見なせ，F が示量性の状態量であることと矛盾しない．

3.1.2 理想気体の熱力学量

ヘルムホルツの自由エネルギーが求まれば，(2-11)，(2-12)式などから，他のすべての熱力学量が求まる．

（１） 状態方程式（ボイル-シャルルの法則）

まず，(2-11)式から系の圧力を求めると，

$$p = -\left(\frac{\partial F}{\partial V}\right)_T = \frac{Nk_B T}{V} \tag{3-7}$$

となり，粒子数をアボガドロ数とすると，容易に理想気体の状態方程式

$$pV = RT \tag{3-8}$$

が得られる．

（2） エントロピー（サッカー–テトロードの式）

同様に(2-11)式からエントロピーを求めると，サッカー–テトロード（Sackur-Tetrode）の式として知られている

$$S = -\left(\frac{\partial F}{\partial T}\right)_V = Nk_B\left\{\ln\left(\frac{V}{N}\right) + \frac{3}{2}\ln T + \frac{3}{2}\ln\left(\frac{2\pi mk_B}{h^2}\right) + \frac{5}{2}\right\} \tag{3-9}$$

が得られる．

（3） 内部エネルギー

(2-12)式より内部エネルギーを求めると，

$$U = -T^2\left[\frac{\partial (F/T)}{\partial T}\right]_V = \frac{3}{2}Nk_B T \tag{3-10}$$

が得られ，1粒子当たりのエネルギーは $\frac{3}{2}k_B T$ となりエネルギー等分配則が得られる．

（4） ギブスの自由エネルギーと化学ポテンシャル

ギブスの自由エネルギーは(2-13)式で与えられ，pV は(3-7)式より求められているので，

$$G = F + pV = Nk_B T \ln\left\{\left(\frac{h^2}{2\pi mk_B T}\right)^{\frac{3}{2}}\frac{N}{V}\right\}$$

$$= Nk_B T \ln\left\{\left(\frac{h^2}{2\pi mk_B T}\right)^{\frac{3}{2}}\frac{p}{k_B T}\right\} \tag{3-11}$$

化学ポテンシャルは1粒子当たりのギブスの自由エネルギーなので，粒子質量 m の理想気体の化学ポテンシャルは

$$\mu = k_B T \ln\left\{\left(\frac{h^2}{2\pi mk_B T}\right)^{\frac{3}{2}}\frac{N}{V}\right\} = k_B T \ln\left\{\left(\frac{h^2}{2\pi mk_B T}\right)^{\frac{3}{2}}\frac{p}{k_B T}\right\} \tag{3-12}$$

で与えられる．

3.1.3 マクスウェル(Maxwell)の速度分布則

　自由エネルギーから導ける関係式ではないが，1粒子からなる系の正準集合を考えることにより，粒子の運動量の値(絶対値)がpである確率$f(p)$を求めることができる．粒子のエネルギーが$\varepsilon = p^2/2m$なので，$f(p)$は(2-36)式より

$$f(p) = W(p) \frac{e^{-p^2/2mk_BT}}{z} \tag{3-13}$$

で与えられる．このとき，配置数$W(p)$をどのように見積るかが問題となるが，状態和を求める場合と同様，1粒子の位相空間において，位置座標は$0 < x, y, z < L$，運動量が$p \sim p+\Delta p$の球殻内にあるセルの数とすればよい．運動量空間を極座標として計算すると，

$$W(p \sim p+\Delta p) = \frac{V}{h^3} 4\pi p^2 \Delta p \tag{3-14}$$

となり，定数zは(3-2)式で与えられる1粒子の状態和と同じなので，運動量が$p \sim p+\Delta p$である粒子数は，

$$n(p \sim p+\Delta p) = Nf(p)\Delta p = \frac{Ne^{-p^2/2mk_BT}}{(2\pi mk_BT)^{3/2}} 4\pi p^2 \Delta p \tag{3-15}$$

となり，運動量を速度に変換すると，

$$n(v \sim v+\Delta v) = N\left(\frac{m}{2\pi k_BT}\right)^{\frac{3}{2}} e^{-mv^2/2k_BT} 4\pi v^2 \Delta v \tag{3-16}$$

が得られる．これは，気体についてのマクスウェル-ボルツマンの速度分布則に他ならない．

●理想気体の状態密度

　(3-14)式は運動量が$p \sim p+\Delta p$の間にあるセルの数であるが，これをエネルギーが$\varepsilon \sim \varepsilon+\Delta \varepsilon$の間にあるセルの数に換算してみよう．粒子のエネルギーは$\varepsilon = p^2/2m$であり$d\varepsilon/dp = p/m$より，$\Delta p = (m/p)\Delta \varepsilon$の関係にある．これらの式を使い(3-14)式を書き直すと

$$W(\varepsilon \sim \varepsilon + \Delta\varepsilon) = 2\pi V \left(\frac{2m}{h^2}\right)^{\frac{3}{2}} \varepsilon^{\frac{1}{2}} \Delta\varepsilon = D(\varepsilon) \Delta\varepsilon \tag{3-17}$$

が得られる(詳しくは**付録 B** 参照).$D(\varepsilon)$ は状態密度とよばれるが,これは,$h = 2\pi\hbar$ なので,よく知られた自由電子の状態密度

$$D(\varepsilon) = \frac{V}{4\pi^2}\left(\frac{2m}{\hbar^2}\right)^{\frac{3}{2}} \varepsilon^{\frac{1}{2}} \tag{3-18}$$

に等しく(参考書(1),3.3.2 項参照),位相空間の 1 つのセルを量子力学的な 1 つの状態と見なしてよいことを示している.ただし,自由電子の場合,パウリ (Pauli) の禁律より 1 つの状態に 2 個の電子が入り得るので,状態密度を上式の 2 倍とすることが多い.

3.2 量子統計

3.2.1 フェルミ-ディラック分布則

これまで述べてきた系では,ある 1 つの 1 粒子固有状態を占有する粒子数に制限を設けなかったが,電子に代表されるいわゆるフェルミ (Fermi) 粒子では,パウリの禁律により 1 つの軌道状態には 2 個の粒子のみ,あるいはスピン状態も区別すると 1 つの固有状態には 1 個の粒子のみしか入れない.この制限を取り入れ,さらに各粒子が個別に区別できないとする量子力学の要請を取り入れ,温度 T において,1 つの状態を占有する粒子の平均個数,あるいは,その状態に 1 個の粒子が見いだされる確率を求めよう.

(1) 小正準集合による解

はじめに,第 1 章でアインシュタイン・モデルについて計算した手法に従い,系の粒子数および全エネルギーが一定,すなわち小正準集合として求める.

図 3-1 に示すように,エネルギー ε_l をもつ g_l 個の状態(g_l 重に縮退した状態)に n_l 個の粒子を配置する数をかぞえ,エネルギー準位 ε_l の状態を粒子が占有する確率,分布関数 $f_l = n_l/g_l$ を求める.ここで,全電子数を N,全エネ

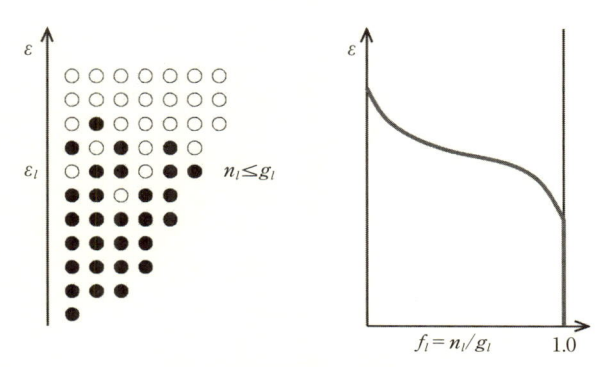

3.2 量子統計　　　　　　　　　　51

図 3-1 フェルミ-ディラック分布. ●：電子の詰まった状態, ○：電子の入っていない状態. l 番目のエネルギー準位で ● + ○ = g_l 個, ● = n_l 個とする.

ギーを E とする．また，1つの状態には1個の粒子しか入れないとし，個々の状態は互いに区別できるが粒子は区別できないとする．

l 番目の準位の配置数 w_l は，

$$w_l = {}_{g_l}C_{n_l} = \frac{g_l!}{n_l!(g_l - n_l)!} \tag{3-19}$$

全配置数は

$$W = \prod_l w_l = \prod_l \frac{g_l!}{n_l!(g_l - n_l)!} \tag{3-20}$$

で与えられる．W の対数をとり，スターリングの公式 $\ln N! \approx N \ln N - N$ を適用すると，

$$\begin{aligned}\ln W &= \sum_l [\ln g_l! - \ln n_l! - \ln(g_l - n_l)!] \\ &= \sum_l [g_l \ln g_l - n_l \ln n_l - (g_l - n_l)\ln(g_l - n_l)]\end{aligned} \tag{3-21}$$

が得られる．条件式

$$\sum_l n_l = N, \quad \sum_l \varepsilon_l n_l = E \tag{3-22}$$

の下で，W を最大にする n_i をラグランジュ未定係数法により求めると，

$$\frac{\partial}{\partial n_l}\left[\ln W + \alpha\left(\sum_l n_l - N\right) - \beta\left(\sum_l \varepsilon_l n_l - E\right)\right]$$
$$= \ln(g_l - n_l) - \ln n_l + \alpha - \beta\varepsilon_l = 0 \tag{3-23}$$

より，

$$\frac{g_l - n_l}{n_l} = \exp(-\alpha + \beta\varepsilon_l) \tag{3-24}$$

したがって

$$f_l = \frac{n_l}{g_l} = \frac{1}{\exp(-\alpha + \beta\varepsilon_l) + 1} \tag{3-25}$$

が得られる．

ここで，$\beta = 1/k_\mathrm{B}T$, $\alpha = \mu/k_\mathrm{B}T$ と置けば，いわゆるフェルミ-ディラック分布則が得られるが，なぜこう置けばいいかは次項で示す．

（2） 大正準集合による解

次に，粒子の個数が変化する系を扱う大正準集合により，f_l を求めてみよう．ただし，ここでも系の全エネルギーが各粒子のエネルギーの和で与えられる場合を扱う．すなわち，系の粒子数を N, エネルギーを E としたとき，その系に含まれる1粒子状態 i のエネルギーを ε_i, 粒子数を n_i とすると

$$N = \sum_i n_i, \quad E = \sum_i n_i \varepsilon_i \tag{3-26}$$

が成り立つとする．この場合，(2-55)式で与えられる大きな状態和は

$$\varXi = \sum_{N=0}^{\infty} \sum_j e^{-(E_j - \mu N)/k_\mathrm{B}T} = \sum_{N=0}^{\infty} \sum_{\{n_i\}} e^{-(\sum n_i\varepsilon_i - \mu\sum n_i)/k_\mathrm{B}T} \tag{3-27}$$

で与えられる．ここで，$\displaystyle\sum_{\{n_i\}}$ は $N = \sum_i n_i$ を満たすすべての n_i の組についての和をとることを意味する．計算は複雑そうであるが，前章で粒子間の相互作用が小さい正準集合について，系の状態和が1粒子状態和の積で与えられることを示した(2.3.2(4)項)手法と，類似の計算により，1粒子の状態和の積に

還元することができる．フェルミ粒子の場合，n_i は 0 と 1 に限られるので，

$$\Xi = \prod_{i=1}^{\infty}\left(\sum_{n_i=0}^{1} e^{-(n_i\varepsilon_i - \mu n_i)/k_B T}\right) = \prod_{i=1}^{\infty}(1 + e^{-(\varepsilon_i - \mu)/k_B T}) \tag{3-28}$$

と簡単化される．

一方，(3-27)式で与えられる大きな状態和の対数を ε_i で偏微分すると

$$\frac{\partial \ln \Xi}{\partial \varepsilon_i} = -\frac{1}{k_B T} \sum_{N=0}^{\infty} \sum_{\{n_i\}} n_i e^{-(\Sigma n_i \varepsilon_i - \mu \Sigma n_i)/k_B T} \bigg/ \Xi \tag{3-29}$$

が得られるが，この式から $-1/k_B T$ を取り除いた項は n_i の平均値（期待値）を与える式に他ならない．Ξ として(3-28)式の結果を使うと，n_i の平均値は

$$\begin{aligned}\langle n_i \rangle &= -k_B T \frac{\partial}{\partial \varepsilon_i} \ln \Xi = -k_B T \frac{\partial}{\partial \varepsilon_i} \sum_{i=1}^{\infty} \ln(1 + e^{-(\varepsilon_i - \mu)/k_B T}) \\ &= \frac{e^{-(\varepsilon_i - \mu)/k_B T}}{1 + e^{-(\varepsilon_i - \mu)/k_B T}} = \frac{1}{e^{(\varepsilon_i - \mu)/k_B T} + 1}\end{aligned} \tag{3-30}$$

$\langle n_i \rangle$ の最大値は 1.0 なので(3-25)式で得たエネルギー準位 ε_l にある状態が粒子で占められる確率 f_l と一致し，フェルミ-ディラック(F.D.)分布則

$$f(\varepsilon, T) = \frac{1}{e^{(\varepsilon - \mu)/k_B T} + 1} \tag{3-31}$$

が得られる．

3.2.2　フェルミ準位と電子ガスへの応用

(3-31)式で与えられる F.D. 分布則において，μ は本来化学ポテンシャルであるが，フェルミ粒子に対してはフェルミ準位とよばれることが多い．その特徴は，$\varepsilon < \mu$ では $f > 1/2$，$\varepsilon > \mu$ では $f < 1/2$，$\varepsilon = \mu$ では $f = 1/2$ となる．また，$T \to 0$ の極限では $\varepsilon < \mu$ では $f = 1$，$\varepsilon > \mu$ では $f = 0$ となる．このとき，μ の値は系の粒子数を N とすると，すべての状態の占有数の和が N となる条件式

$$\sum_{i=1}^{\infty} \langle n_i \rangle = \sum_{i=1}^{\infty} \frac{1}{e^{(\varepsilon_i - \mu)/k_B T} + 1} = N \tag{3-32}$$

を満足する値として決まる．

具体的に，代表的なフェルミ粒子である電子について求めてみよう．3次元自由電子の運動エネルギーは，電子の波数ベクトルを $\boldsymbol{k}$ とすると，$\varepsilon_k = \hbar^2(k_x^2 + k_y^2 + k_z^2)/2m$ で与えられる(参考書(1)，2.2.3項参照)．エネルギー準位はほとんど連続的に分布しているので，系のエネルギーが $\varepsilon \sim \varepsilon + d\varepsilon$ の間にある状態数，すなわち状態密度 $D(\varepsilon)$ がわかっていれば，(3-32)式の和はエネルギーについての積分で与えられる．すなわち，

$$2\int_0^\infty D(\varepsilon) \frac{1}{e^{(\varepsilon-\mu)/k_B T}+1} d\varepsilon = N \tag{3-33}$$

で与えられる．ここで，左辺に2をかけたのは1つの状態に2個の電子が入るからである．$T \to 0$ の極限では(3-33)式は

$$2\int_0^{\mu_0} D(\varepsilon) d\varepsilon = N \tag{3-34}$$

と書ける．(3-33)，(3-34)式は，任意の状態密度 $D(\varepsilon)$ について成り立つが，3次元自由電子の状態密度は(3-18)式で与えられるので，これを代入すると(3-34)式は

$$\frac{V}{2\pi^2}\left(\frac{2m}{\hbar^2}\right)^{\frac{3}{2}} \int_0^{\mu_0} \varepsilon^{\frac{1}{2}} d\varepsilon = N \tag{3-35}$$

となり，0Kでのフェルミ準位は

$$\mu_0 = \varepsilon_F = \frac{\hbar^2}{2m}\left(3\pi^2 \frac{N}{V}\right)^{\frac{2}{3}} \tag{3-36}$$

と求まる．これをフェルミエネルギーとよび，ε_F と表記される．

一般の温度での μ の値は(3-33)式より数値計算で求める必要があり，**図 3-2**に $\varepsilon_F/k_B = 20{,}000$ K の自由電子ガスのフェルミ分布関数を示す．この図から，数百Kまでは μ の位置はほとんど変化せず，さらに高温になると低エネルギー側にシフトすることがわかる．一般に，フェルミ準位は温度を上げると状態密度が低い側にシフトするが，これは総電子数一定の条件から，ε_F を挟んで，低エネルギー側の空状態と高エネルギー側の励起電子数が等しくなる必要があるためで，状態密度がエネルギーによらず一定の場合は μ がシフトする

3.2 量子統計

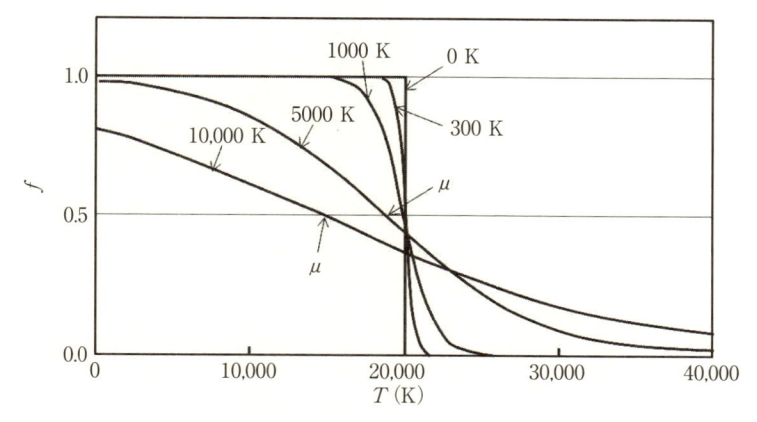

図 3-2 $\varepsilon_F/k_B = 20{,}000$ の自由電子についてのフェルミ分布関数. $f = 1/2$ となるエネルギー μ は温度と共に低エネルギー側にシフトする.

必要がないことを考えれば自ずと理解できることである．なお，導出は少々面倒なので省略するが，$k_BT \ll \varepsilon_F$ の範囲では

$$\mu = \varepsilon_F - \frac{\pi^2}{6}(k_BT)^2\left[\frac{dD(\varepsilon)}{d\varepsilon}\bigg/D(\varepsilon)\right]_{\varepsilon=\varepsilon_F} + \cdots \tag{3-37}$$

で与えられ，状態密度曲線のフェルミ準位での勾配が正であればフェルミ準位は温度を上げると低下し，勾配が負であれば上昇する．ただし，この場合，$k_BT \gg \varepsilon_F$ とさらに高温では μ は再び低下し，ボルツマン分布に近づく．自由電子の場合は

$$\mu = \varepsilon_F\left[1 - \frac{\pi^2}{12}\left(\frac{k_BT}{\varepsilon_F}\right)^2 + \cdots\right] \tag{3-38}$$

となる．この式からわかるように，室温付近では $k_BT \ll \varepsilon_F$ で，かつ，補正項は $(k_BT/\varepsilon_F)^2$ と，微少量の2乗なので，多くの場合，温度補正項は無視してよい．

●金属中の自由電子

以上の議論は真空中の自由電子ガスについてであり，電子の感じるポテンシャルエネルギーを0と仮定している．実際の金属では伝導電子は内殻の + イオン

の電荷を感じて運動しており，この仮定は成り立たない．とはいっても，＋イオンによって生じる周期ポテンシャルの影響を正確に取り入れるのは難しく，最も簡単な近似では，＋イオンのポテンシャルが試料中に均一に分布し，電子のマイナス電荷を打ち消すというモデル(ジェリウム・モデル)を採用することにより金属の性質の多くのことを説明することが可能である．具体的には $k=0$，すなわち運動エネルギー 0 の電子のエネルギーを ε_0 とすると，波数 k の電子のエネルギーは $\varepsilon(k) = \varepsilon_0 + \hbar^2 k^2/2m$ で与えられ，フェルミ準位(電子の化学ポテンシャル)は $\mu = \varepsilon_0 + \varepsilon_F$ となる．ここで，エネルギーの原点を真空の準位とすれば，$\mu < 0$ であり，フェルミ準位にある電子を外部(真空中)に取り出すには $\phi_W = -\mu$ のエネルギーが必要となりこれを**仕事関数**とよぶ．**図 3-3** にこれらの準位の概念図を示す．

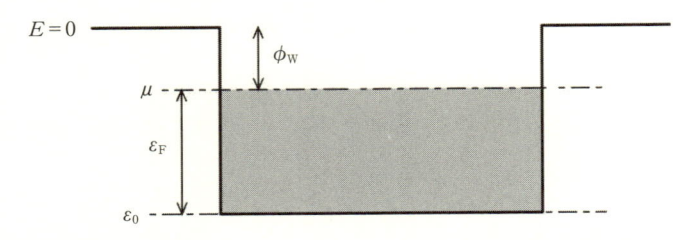

図 3-3 金属中の自由電子のエネルギー準位．エネルギーの基準点 ($E=0$) は真空中にある $k=0$ の電子のエネルギーとする．ε_0 は金属中にある $k=0$ の電子のエネルギー(エネルギーバンドの底)．μ は化学ポテンシャル(フェルミ準位)．ε_F は (3-36) 式で与えられるフェルミエネルギー．フェルミ準位(化学ポテンシャル)μ は $\mu = \varepsilon_0 + \varepsilon_F$ で与えられる．ϕ_W はフェルミ準位にある電子を外部(真空中)に取り出すのに必要なエネルギー(仕事関数とよぶ)．

3.2.3 ボース-アインシュタイン統計

ヘリウム原子や光子(Photon)など，スピン角運動量が 0 または整数値をもつ粒子の多粒子波動関数は，粒子の入れ替えに対し対称であり，パウリの原理による制約を受けず，1 つの固有状態を占めることができる粒子数に制限はない(参考書(1), 5.2.3 項参照)．このような粒子を**ボース**(Bose)**粒子**とよび，ボース粒子からなる多粒子系について大正準集合を適用し，1 つの状態を占め

る粒子数の平均値を求めてみよう．この場合，大きな状態和は

$$\Xi = \prod_{i=1}^{\infty}\left\{\sum_{n_i=0}^{\infty} e^{-(n_i\varepsilon_i - n_i\mu)/k_\mathrm{B}T}\right\} = \prod_{i=1}^{\infty}\left[\sum_{n_i=0}^{\infty}\left\{e^{-(\varepsilon_i-\mu)/k_\mathrm{B}T}\right\}^{n_i}\right]$$

$$= \prod_{i=1}^{\infty}\left\{\frac{1}{1-e^{-(\varepsilon_i-\mu)/k_\mathrm{B}T}}\right\} \tag{3-39}$$

となり，(3-30)式と同じ手法で，平均粒子数

$$\langle n_i \rangle = -k_\mathrm{B}T \frac{\partial}{\partial \varepsilon_i} \ln \Xi = k_\mathrm{B}T \frac{\partial}{\partial \varepsilon_i} \sum_{i=1}^{\infty} \ln(1-e^{-(\varepsilon_i-\mu)/k_\mathrm{B}T})$$

$$= \frac{e^{-(\varepsilon_i-\mu)/k_\mathrm{B}T}}{1-e^{-(\varepsilon_i-\mu)/k_\mathrm{B}T}} = \frac{1}{e^{(\varepsilon_i-\mu)/k_\mathrm{B}T}-1} \tag{3-40}$$

を得る．したがって，温度 T において，エネルギー ε をもつ状態を占有する粒子数は

$$n(\varepsilon, T) = \frac{1}{e^{(\varepsilon-\mu)/k_\mathrm{B}T}-1} \tag{3-41}$$

と書ける．これを，**ボース-アインシュタイン分布則**とよぶ．n は正でなければならないので，化学ポテンシャル μ はすべての準位に対し $\mu < \varepsilon_i$ でなければならない．粒子のエネルギーが運動エネルギーのみであれば，最低エネルギーは $\varepsilon_0 = 0$ なので，$\mu < 0$ であり，その値は条件式

$$\sum_{i=1}^{\infty}\frac{1}{e^{(\varepsilon_i-\mu)/k_\mathrm{B}T}-1} = N \tag{3-42}$$

より定まる．

3.2.4 ボース-アインシュタイン凝縮

ボース統計に従う粒子の（ここではヘリウム原子を想定する）低温での性質を調べよう．$T \to 0$ の極限ではすべての粒子が $\varepsilon_0 = 0$ の基底状態に落ち込むので，

$$n(0, T \to 0) = \lim_{T \to 0} \frac{1}{e^{-\mu/k_\mathrm{B}T}-1} = N \tag{3-43}$$

が成り立つはずである．また，$n(0, T)$ が巨視的な数（アボガドロ数のオーダー）となる低温では分布関数の分母は微少量である必要があり，そのためには，$e^{-\mu/k_BT} \approx 1$ でなければならない．化学ポテンシャルの代わりに(2-18)式で定義された活量 $\lambda = e^{\mu/k_BT}$ を使うと，$\lambda^{-1} \approx 1$ でなければならない．

以上のことを前提にして，十分低い温度での基底状態にある粒子数を求めてみよう．エネルギー準位の差が十分小さい場合，単純に考えると条件式(3-42)式は和を積分に変え

$$\int_0^\infty D(\varepsilon) \frac{1}{e^{(\varepsilon-\mu)/k_BT}-1} d\varepsilon = N \tag{3-44}$$

と書けそうである．しかし，(3-18)式で与えられる自由粒子の状態密度では基底状態である $\varepsilon = 0$ の状態数が 0 となり，基底状態に落ち込んでいるはずの巨視的量の粒子数が計算に入らないことになる．実際には基底状態は少なくとも1つはあり，(3-44)式では基底状態にある粒子数 N_0 は別に数える必要がある．基底状態の状態数（縮退数）を1とし，励起状態の粒子数を N_e とすると，条件式は

$$N = N_0 + N_e = N_0 + \int_0^\infty D(\varepsilon) \frac{1}{\lambda^{-1}e^{\varepsilon/k_BT}-1} d\varepsilon \tag{3-45}$$

と書かなければならない．ここで，N_0 を直接求める代わりに，N_e を計算し，N_0 は $N - N_e$ として求めることにする．このとき，N_0 が巨視的な数にある低温では $\lambda^{-1} = 1$ としてよく，状態密度として(3-17)式を使うと，

$$N_e = \int_0^\infty D(\varepsilon) \frac{1}{e^{\varepsilon/k_BT}-1} d\varepsilon = 2\pi V \left(\frac{2m}{h^2}\right)^{\frac{3}{2}} \int_0^\infty \frac{\varepsilon^{1/2}}{e^{\varepsilon/k_BT}-1} d\varepsilon \tag{3-46}$$

となり，$x = \varepsilon/k_BT$ と置くと，

$$N_e = 2\pi V \left(\frac{2mk_BT}{h^2}\right)^{\frac{3}{2}} \int_0^\infty \frac{x^{1/2}}{e^x-1} dx \tag{3-47}$$

となる．この式の最後の定積分は

$$\int_0^\infty \frac{x^{1/2}}{e^x-1} dx = 1.306 \pi^{\frac{1}{2}} \tag{3-48}$$

となることがわかっており，これを用いると，

● 液体ヘリウムの超流動

具体的にボース-アインシュタイン凝縮が生じている物質として液体ヘリウムが知られている．(3-50)式において，m をヘリウム原子の質量とし，液体ヘリウムの密度 0.125×10^3 kg/m^3 から求まるモル体積 $V_{\text{mol}}=3.22\times10^{-5}$ m^3 を用いて計算すると $T_0=2.8$ K が得られるが，実際の液体ヘリウムでは 2.17 K 以下で超流動現象が発生し，その原因はまさにヘリウム原子がボース縮退を起こした状態であると考えられている．なぜ，ボース縮退状態が超流動性を示すかは少し難しい問題であるが，巨視的な数の粒子が基底状態に落ち込むと粒子の波動関数の位相がそろい（コヒーレント状態になる），巨視的な数の粒子からなる1つの巨大な波動としてふるまうとして解釈されている．

$$N_{\text{e}}=2.612\,V\left(\frac{2\pi m k_{\text{B}} T}{h^2}\right)^{\frac{3}{2}} \tag{3-49}$$

が得られる．温度が上昇すると N_{e} が増加するが，これが全粒子数 N に近づくと N_0 が巨視的量であるという前提が崩れ，$\lambda^{-1}=1$ とする近似が成り立たなくなり，ある臨界温度以上ではこの近似計算は使えなくなる．しかし，臨界温度の直下まで N_0 は巨視的量として残るので，臨界温度は(3-49)式において $N_{\text{e}}=N$ となる温度と考えてよいであろう．したがって，基底状態にある粒子数が巨視的量でなくなる温度を T_0 とすると，

$$T_0=\frac{h^2}{2\pi m k_{\text{B}}}\left(\frac{N}{2.612\,V}\right)^{\frac{2}{3}} \tag{3-50}$$

が得られる．このように，巨視的な量の粒子が基底状態に落ち込んだ状態を**ボース-アインシュタイン凝縮**とよび，その臨界温度を**ボース-アインシュタイン凝縮温度**とよぶ．ここで，T_0 を使い，全粒子数 N に対する N_{e} の比を求めると

$$\frac{N_{\text{e}}}{N}=\left(\frac{T}{T_0}\right)^{\frac{3}{2}} \tag{3-51}$$

と書ける．したがって，基底状態にある原子数の比率は

$$\frac{N_0}{N}=\frac{N-N_{\text{e}}}{N}=1-\left(\frac{T}{T_0}\right)^{\frac{3}{2}} \tag{3-52}$$

3.2.5 プランク分布とプランクの熱放射則

(1) プランク分布則

光(電磁波)は，エネルギー $h\nu$ をもつ粒子(光子)としての性質を示すことがアインシュタインにより明らかにされた．また，$l=1$ の角運動量をもちボース粒子としてふるまうことも知られている．ただし，質量は 0 で粒子数に制限がないことから，通常のボース粒子と異なった取り扱いをする必要がある．はじめに，第 1 章で学んだ調和振動子についてのアインシュタイン・モデルを拡張して光子の分布則を求めてみよう．

(1-34)式で求めたアインシュタイン・モデルの内部エネルギーから，1 原子，1 自由度当たりの平均エネルギーを求めると，

$$\langle \varepsilon \rangle = \frac{U}{3N} = \frac{h\nu}{\exp(h\nu/k_\mathrm{B}T) - 1} = \langle n \rangle h\nu \tag{3-53}$$

と書ける．この式は，n 番目のエネルギーレベルがボルツマン分布で与えられる確率で励起されるとして，その平均値から求めたものであるが，ここで見方を変え，n 番目の準位が励起されたと考える代わりに，1 個当たり $h\nu$ のエネルギーをもつエネルギー量子（光の場合は光子(フォトン photon)，格子振動の場合はフォノン(phonon)）が n 個発生すると見なすことができる．その熱平均値 $\langle n \rangle$ は上式で示したように

$$\langle n \rangle = \frac{1}{\exp(h\nu/k_\mathrm{B}T) - 1} \tag{3-54}$$

で与えられる．このような見方をプランク分布といい，(3-54)式をプランク分布則とよぶ．**図 3-4** はこの考え方を図示したものである．

このようにして得られた光量子数の平均値は，先に求めたボース-アインシュタイン分布則((3-41)式)において $\mu = 0$ とおいた式に他ならない．化学ポテンシャル μ は，元々集合の全粒子数 N を一定に保つために導入したパラメータであり((3-44)式)，有限の値であれば粒子数に制限が生じ，粒子数に制限を設けないエネルギー量子の概念と矛盾し，かつ $\mu > 0$ であれば基底状態の

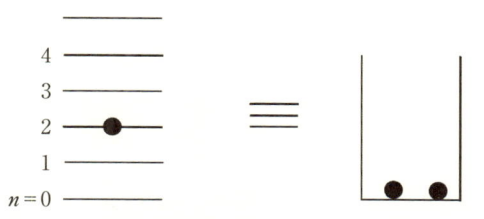

図 3-4 プランク分布の概念図．n 番目のエネルギー準位に励起されている状態を n 個のエネルギー粒子が創られたと見なす．調和振動子のようにエネルギー準位が等間隔かつ無限個ある場合に適用できる．

粒子数が負となるので，必然的に $\mu = 0$ でなければならない．

（2） プランクの熱放射則

プランク分布則は，エネルギーが $\varepsilon_i = h\nu$ である特定の状態を占める粒子の個数を与えるが，エネルギーが $\varepsilon \sim \varepsilon + d\varepsilon$ の範囲にある光子を見いだす確率を求めるには，状態密度を求める必要がある．そのため，光の波動性に立ち返り 1 辺 L，体積 $V = L^3$ の箱の中に閉じ込められた光子の状態密度を求めればよい．詳しい計算は**付録 B** に示すが，箱の内面に接した面では電磁波の振幅が 0 になるという仮定を設けると，許される電磁波の波長は $\lambda/2 = L/n$，波数にすれば，$k_\nu = \pi n_\nu / L$ ($\nu : x, y, z$) となり，状態密度は

$$D(\varepsilon) = \frac{8\pi V}{c^3 h^3} \varepsilon^2 \tag{3-55}$$

となる．これに，プランク分布則をかけるとエネルギー ε の光子の数を与える分布則

$$N(\varepsilon)d\varepsilon = \frac{8\pi V}{c^3 h^3} \frac{\varepsilon^2}{e^{\varepsilon/k_B T} - 1} d\varepsilon \tag{3-56}$$

が得られ，さらに，これに光子のエネルギー $h\nu$ をかけ，エネルギーを周波数 ν で表すと，単位体積の黒体が放射する光のエネルギー密度分布スペクトル強度

$$I(\nu) = \frac{8\pi h\nu^3}{c^3} \frac{1}{e^{h\nu/k_B T}-1} \qquad (3\text{-}57)$$

が得られる．これは，量子力学発展のきっかけの1つとなったプランクの熱放射則に他ならない．

●固体の低温比熱と T^3 則—デバイ・モデル

第1章で，原子を独立した調和振動子と見なすアインシュタイン・モデルにより固体の比熱が全体としてうまく説明できることを示したが，低温での比熱の実験値は温度の3乗に比例し，指数関数的な変化を与える(1-35)式と一致しない．その原因は，アインシュタイン・モデルでは，原子の振動を独立した調和振動子と見なしたが，1つの原子が振動すると周りの原子も影響を受け振動が波として結晶全体に伝搬することにある．原子の振動を波動としてとらえ熱力学量を求める方法は，デバイにより考案されデバイ・モデル(Debye model)とよばれる．このとき，波動を量子化した粒子はフォノンとよばれ，そのエネルギーはフォトンと同様 $h\nu$ で与えられる．したがって，分散関係も光速を音速に変えればよく，$\varepsilon = h\nu = h\nu k/2\pi$ となる．状態密度も同じ形となり振動数の関数として表すと

$$D(\nu) = \frac{12\pi V}{v^3}\nu^2 \qquad (3\text{-}58)$$

で与えられる．ここで，係数が12となるのは，電磁波と異なり縦波も存在するので1つの振動数に対して3つの振動モードが存在するからである．ただ，一般に縦波と横波の音速は異なるので，速度 v として $3/v^3 = 1/v_L^3 + 2/v_T^3$ で与えられる平均音速を使う（v_L, v_T はそれぞれ縦波，横波の音速）．この状態密度関数にエネルギー $\varepsilon = h\nu$ およびプランク分布関数((3-54)式)をかけて積分すると，内部エネルギーが求まる．このとき，光子と異なり，音波の半波長が原子間距離より短いものは存在しないので，積分範囲に上限を設ける必要がある．その上限は許される波動のモードの総数が原子数の3倍とするという仮定により

$$\int_0^{\nu_D} D(\nu)\,d\nu = 3N \qquad (3\text{-}59)$$

で与えられ，状態密度として(3-58)式を使うことにより

$$\nu_D = \left(\frac{3v^3 N}{4\pi V}\right)^{\frac{1}{3}} \qquad (3\text{-}60)$$

で与えられる．ν_D はデバイの切断周波数とよばれる．内部エネルギーは

$$U = \int_0^{\nu_D} h\nu D(\nu)\langle n(\nu)\rangle d\nu = \frac{12\pi V h}{v^3}\int_0^{\nu_D}\frac{\nu^3}{e^{h\nu/k_B T}-1}d\nu \tag{3-61}$$

となるが，変数 $x = h\nu/k_B T$ を導入すると，

$$U = \frac{12\pi V h}{v^3}\left(\frac{k_B T}{h}\right)^4\int_0^{x_D}\frac{x^3}{e^x-1}dx \tag{3-62}$$

を得る．$k_B T \ll h\nu_D$ が成り立つ低温では $x_D = h\nu_D/k_B T = \infty$ と置き，積分公式 $\int_0^\infty \frac{x^3}{e^x-1}dx = \frac{\pi^4}{15}$ を使うと，

$$U = \frac{4\pi^5 V k_B^4}{5v^3 h^3}T^4 \tag{3-63}$$

したがって，低温における比熱は

$$C = \frac{dU}{dT} = \frac{16\pi^5 V k_B^4}{5v^3 h^3}T^3 \tag{3-64}$$

となり，比熱の3乗則が得られる．なお，切断周波数に対応するエネルギー $h\nu_D$ を温度の換算した量 $\Theta_D = h\nu_D/k_B$ をデバイの特性温度(あるいはデバイ温度)とよび，多くの固体で数百度の値をもつ(鉄では470 K)．

3.3　2準位系と常磁性体の磁化率

第1章で取り上げたアインシュタイン・モデルは統計熱力学的取り扱いが比較的簡単な系であるが，最も簡単な系は2準位のみを有する粒子からなる系である．具体的には，図3-5に示すような，磁場 H 中に置かれた不対電子1個(スピン角運動量 $s = 1/2$)をもつ，したがって，小さな磁気モーメントをもつ原子からなる常磁性の固体が対応する．この場合，磁気モーメント(大きさ μ_B)が磁場の方向を向いたとき $\varepsilon_1 = -\mu_B H$，逆向きの場合 $\varepsilon_2 = \mu_B H$ の，2つのエネルギー準位に分かれる．ここでは，まずこのような系を正準集合として取り扱い，系の状態和より，自由エネルギー，エントロピー，内部エネルギー，比熱を求める．このとき，スピン間の相互作用は十分小さく，系のエネルギーが各粒子のエネルギーの和として与えられるものとする．さらに系を1粒子(1つの磁気モーメント)として取り扱い，磁場によって誘起される全磁気

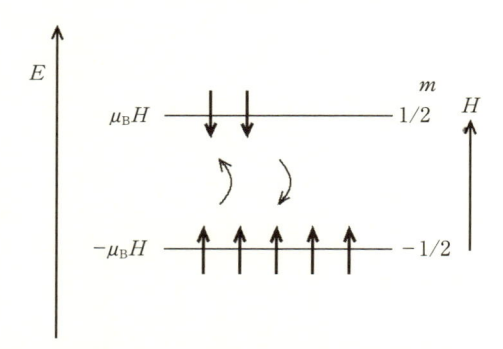

図 3-5 磁場中での電子スピンのエネルギー準位と熱分布．矢印は電子の磁気モーメントの方向を示す．

モーメント M および磁化率 $\chi = M/H$ を求める．

3.3.1 状態和

この系は粒子間の相互作用が十分小さく，系の状態和 Z は，3.1 節で取り上げた理想気体と同じように，1 粒子の状態和 z の積で与えられる．また，粒子は格子に固定されているので互いに区別がつく場合に相当し，状態和の計算に重複はなく $N!$ で割る必要はない．

1 粒子の状態和は

$$z = e^{-\varepsilon_1/k_BT} + e^{-\varepsilon_2/k_BT}$$
$$= e^{\mu_B H/k_B T} + e^{-\mu_B H/k_B T} = 2\cosh\left(\frac{\mu_B H}{k_B T}\right) \quad (3\text{-}65)$$

で与えられる．したがって，N 粒子からなる系の状態和は

$$Z = z^N = \left\{ 2\cosh\left(\frac{\mu_B H}{k_B T}\right) \right\}^N \quad (3\text{-}66)$$

となる．

3.3.2 熱力学量

以下，この状態和から各種の熱力学量を求める．

3.3　2準位系と常磁性体の磁化率

（1）　ヘルムホルツの自由エネルギー (F)

$$F = -k_B T \ln Z = -N k_B T \ln\left\{2 \cosh\left(\frac{\mu_B H}{k_B T}\right)\right\} \tag{3-67}$$

（2）　エントロピー (S)

$$S = -\frac{\partial F}{\partial T} = N k_B \left[\ln\left\{2\cosh\left(\frac{\mu_B H}{k_B T}\right)\right\} - \frac{\mu_B H}{k_B T}\tanh\left(\frac{\mu_B H}{k_B T}\right)\right] \tag{3-68}$$

（3）　内部エネルギー (U)

$$U = F + TS = -N\mu_B H \tanh\left(\frac{\mu_B H}{k_B T}\right) \tag{3-69}$$

（4）　比熱 (C)

$$C = \frac{dU}{dT} = N \frac{\mu_B^2 H^2}{k_B T^2} \text{sech}^2\left(\frac{\mu_B H}{k_B T}\right) \tag{3-70}$$

ここで，以下の関係式を使った．

$$\tanh x = \frac{e^x - e^{-x}}{e^x + e^{-x}}, \quad \text{sech}\, x = \frac{2}{e^x + e^{-x}}, \quad (\tanh x)' = (\text{sech}\, x)^2$$

（5）　ボルツマン分布則

(2-44)式で与えられる1粒子の状態和の逆数 $1/z$ は，本来1つの粒子が取り得る状態の分布確率に対する規格化因子であったので，この場合状態1，および2の分布確率は

$$p_1 = \frac{e^{-\varepsilon_1/k_B T}}{z} = \frac{e^{-\varepsilon_1/k_B T}}{e^{-\varepsilon_1/k_B T} + e^{-\varepsilon_2/k_B T}} = \frac{e^{\mu_B H/k_B T}}{e^{\mu_B H/k_B T} + e^{-\mu_B H/k_B T}}$$

$$p_2 = \frac{e^{-\mu_B H/k_B T}}{e^{\mu_B H/k_B T} + e^{-\mu_B H/k_B T}} \tag{3-71}$$

で与えられる（あるいは，1粒子からなる系の正準集合のボルツマン則と考えてもよい）．

図 3-6 に比熱と内部エネルギーの温度依存性を示すが，$T \to 0$ および $T \to \infty$ でどのような値をとるか調べ，その物理的意味を把握することは重要である．**表 3-1** に確率 p_1, p_2 を含めその極限値を示す．

$T \to \infty$ では，$p_1 = p_2 = 1/2$ となるので，$U \to 0$ となり，比熱は，アインシュタイン・モデルの場合と異なり，$T \to \infty$ で再び 0 になる．そのため，$T \approx \mu_B H / k_B$ 付近でピークをとる．一般に，エネルギー準位数が有限の場合，$T \to \infty$ で $C \to 0$ となる．また，$T \gg \mu_B H / k_B$ の高温では，$C \propto 1/T^2$ となる．このようなタイプの比熱をショットキー (Schottky) 型比熱とよぶ．

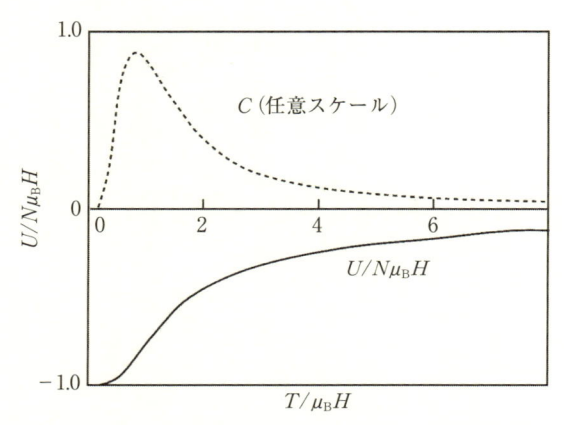

図 3-6 2 準位系の内部エネルギー U と比熱の温度依存性．

表 3-1 2 準位系の低温および高温の極限での分布確率，内部エネルギー，比熱の値．

	p_1	p_2	U	C
$T \to 0$	1	0	$-N\mu_B H$	0
$T \to \infty$	1/2	1/2	0	0

3.3.3 磁気モーメント M と常磁性体の磁化率 χ

試料全体の磁気モーメントは，磁場方向を向いた磁気モーメントの総和と逆方向のそれの差として求まる．したがって，

$$M = N(p_1\mu_B - p_2\mu_B) = N\mu_B \left(\frac{\exp(\mu_B H/k_B T) - \exp(-\mu_B H/k_B T)}{z} \right)$$

$$= N\mu_B \tanh\left(\frac{\mu_B H}{k_B T}\right) \tag{3-72}$$

で与えられる．$x \ll 1$ に対し，近似式 $\tanh x \approx x$ が成り立つので，小さい磁場 ($\mu_B H \ll k_B T$) では，$M = (N\mu_B^2/k_B T)H$ となる．磁化率は $\chi = M/H$ で定義されるので，

$$\chi = \frac{N\mu_B^2}{k_B T} \tag{3-73}$$

が得られ，温度に反比例する．これはキュリーの法則として古くから知られている．このことを利用して低温の温度測定に用いることができる．ただ，磁気モーメント間の相互作用により極低温になるとこの式からのずれが生じるが，うまく物質を選んでやると 1 K 以下の極低温でも適用可能である．さらに低い温度を測定するためには原子核のもつ磁気モーメントに対するキュリー則を適用することにより m K 域の温度測定も可能となる．

3.4　固体の平衡蒸気圧

2.3.3 項で示したように，粒子数が変化する系の平衡条件は各系の温度が等しいことに加えて化学ポテンシャルが等しいことである．ここでは，**図 3-7** に示す閉じた箱に入った固体とその蒸気の平衡条件から，与えられた温度での固体の蒸気圧を求める．化学ポテンシャル μ は 1 粒子当たりのギブスの自由エネルギーなので，ヘルムホルツの自由エネルギーが求まれば

$$\mu = G/N = (F + pV)/N \tag{3-74}$$

で与えられる．

3.4.1　気相の化学ポテンシャル

気体を理想気体と見なすと，気相の化学ポテンシャルは(3-12)式より

$$\mu_g = k_B T \ln\left\{\left(\frac{h^2}{2\pi m k_B T}\right)^{\frac{3}{2}} \frac{N}{V}\right\} = k_B T \ln\left\{\left(\frac{h^2}{2\pi m k_B T}\right)^{\frac{3}{2}} \frac{p}{k_B T}\right\} \tag{3-75}$$

を得る．

3.4.2　固相の化学ポテンシャル

固体中の原子のエネルギー準位は，基底状態を $-\varepsilon_0$ とし，励起状態は3次元調和振動子のエネルギーで近似すると(図3-7(b)参照)

$$\varepsilon = -\varepsilon_0 + h\nu(n_x + n_y + n_z), \quad n_x, n_y, n_z = 0, 1, 2, \cdots \tag{3-76}$$

となり，1粒子状態和は

$$z = e^{\varepsilon_0/k_B T} \sum_{n_x=0}^{\infty} \sum_{n_y=0}^{\infty} \sum_{n_z=0}^{\infty} e^{-h\nu(n_x+n_y+n_z)/k_B T} = e^{\varepsilon_0/k_B T} \left(\sum_{s=0}^{\infty} e^{-h\nu s/k_B T}\right)^3$$

$$= e^{\varepsilon_0/k_B T} \left(\frac{1}{1-e^{-h\nu/k_B T}}\right)^3 \tag{3-77}$$

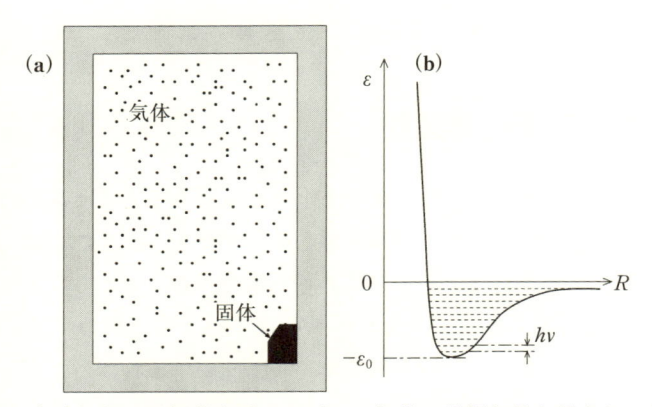

図 3-7　(a)気相・固相共存系のモデル．気体は理想気体と見なし，(b)固体内の原子のエネルギー準位は最低エネルギーが $-\varepsilon_0$ の調和振動子と見なす．

3.4 固体の平衡蒸気圧

となるので，ヘルムホルツの自由エネルギーは(2-48)式より，

$$F = -Nk_B T \ln z = -N\varepsilon_0 + 3Nk_B T \ln(1 - e^{-h\nu/k_B T}) \tag{3-78}$$

と求まる．ギブスの自由エネルギーはこれに pV を足して得られるが，固体の体積は同量の気体の体積に比べ十分小さいので無視すると，固相の化学ポテンシャル μ_s は

$$\mu_s = -\varepsilon_0 + 3k_B T \ln(1 - e^{-h\nu/k_B T}) \tag{3-79}$$

で与えられる．平衡条件 $\mu_g = \mu_s$，すなわち(3-75)=(3-79)より，

$$\ln\left\{\frac{p}{k_B T}\left(\frac{h^2}{2\pi m k_B T}\right)^{\frac{3}{2}}\right\} = \ln\left\{e^{-\varepsilon_0/k_B T}(1 - e^{-h\nu/k_B T})^3\right\} \tag{3-80}$$

が成り立ち，平衡蒸気圧

$$p = (k_B T)^{\frac{5}{2}}\left(\frac{2\pi m}{h^2}\right)^{\frac{3}{2}} e^{-\varepsilon_0/k_B T}(1 - e^{-h\nu/k_B T})^3 \tag{3-81}$$

を得る．$k_B T \gg h\nu$ の高温では，

$$p = k_B T \frac{(2\pi m k_B T)^{3/2}}{h^3}\left(\frac{h\nu}{k_B T}\right)^3 e^{-\varepsilon_0/k_B T} = \frac{(2\pi m)^{3/2}}{(k_B T)^{1/2}} \nu^3 e^{-\varepsilon_0/k_B T} \tag{3-82}$$

となる．

具体的な例として，Na の平衡蒸気圧をこの式よりを求めてみよう．ここで，ε_0 は凝集エネルギーより $\varepsilon_0 = 1.1$ eV $= 1.76 \times 10^{-19}$ J，m は原子量より $m = 3.8 \times 10^{-26}$ kg，ν はアインシュタイン・モデルに基づき低温比熱を解析して求まる特性温度 $\Theta_E = 150$ K $= h\nu/k_B$ より，$\nu = 3.1 \times 10^{12}$ Hz とする．結果を実測値と共に**表 3-2** に示すが，このような単純なモデルとしては比較的よく一致しているといえよう．

表 3-2 金属ナトリウムの飽和蒸気圧（p_{cal} は理論値，p_{exp} は実測値）．

T (K)	300	400	500
p_{cal} (Pa)	1.8×10^{-8}	6.7×10^{-4}	0.35
p_{exp} (Pa)	4×10^{-9}	4×10^{-4}	0.07

3.5 化学反応の平衡

前節では1種類の元素が異なった相に共存するときの平衡条件から蒸気圧を求めたが，ここではA，B 2種類の元素が反応し分子ABが生じる，すなわち

$$A + B \rightleftarrows AB \tag{3-83}$$

という化学反応における定温，定圧下での平衡条件を求める．ここで，μ_A, μ_B, μ_{AB} を各成分の化学ポテンシャル，N_A, N_B, N_{AB} を各成分の粒子数とする．また，各成分はすべて理想気体として扱えるものとする．

3.5.1 平衡条件

2.3.3項で述べたように，粒子数が変化する系における平衡条件は化学ポテンシャルが等しくなることであったが，この場合，3種類の粒子が共存するので，平衡条件を求めるには，ギブスの自由エネルギーが極小となる条件に立ち戻る必要がある．温度，圧力が一定で，各粒子の粒子数が変化する場合，ギブスの自由エネルギーは

$$G = N_A \mu_A + N_B \mu_B + N_{AB} \mu_{AB} \tag{3-84}$$

で与えられるので，極小となる条件は

$$dG = \mu_A dN_A + \mu_B dN_B + \mu_{AB} dN_{AB} = 0 \tag{3-85}$$

で与えられる．一方，化合物を含めると，元素A，Bの数は保存されるので

$$dN_A + dN_{AB} = 0$$
$$dN_B + dN_{AB} = 0 \tag{3-86}$$

が成り立ち，(3-85)，(3-86)式より容易に平衡条件式

$$\mu_A + \mu_B = \mu_{AB} \tag{3-87}$$

が導ける．

3.5.2 各成分の化学ポテンシャル

理想気体の化学ポテンシャルは(3-12)式で与えられているが，これは粒子が1種類で，かつ，単原子の場合について使える式で，エネルギーの原点を粒子が静止している状態としており，(3-2)式により1粒子状態和zを求めるさ

い，粒子がもち得るエネルギーとしては運動エネルギーのみを考慮している．しかし，この場合のように粒子が2種類以上あり，かつ多原子分子を含んでいるとき，1粒子状態和を求めるさいにエネルギーの原点をどこにとるか，またその粒子の励起状態のエネルギーと縮退度 g を考慮する必要がある．エネルギー準位の原点として，ここでは量子力学により原子のエネルギー準位を定めるときに使った，静止した真空中の電子のエネルギーを基準とする．したがって，A，B 粒子の取り得るエネルギーはシュレーディンガー方程式を解いて求めたときのエネルギー準位 $\varepsilon_i^A, \varepsilon_i^B$（いずれも負の値をもつ．参考書(1)，第5章参照)を採用する．また，分子 AB については，電子状態に関わるエネルギー準位の他，分子の回転や振動による励起エネルギーも考慮する必要があり，これらを含めたエネルギー準位を ε_i^{AB} とする．このように，粒子内で定まるエネルギー準位を**内部自由度**によるエネルギーとよび，内部自由度による粒子 X の状態和は

$$z_{\text{int}}^X = \sum_{i=0} g_i^X e^{-\varepsilon_i^X/k_B T} \tag{3-88}$$

で与えられる．また，内部自由度によるエネルギーは運動エネルギーとは独立に定まるので，1粒子状態和 z は，すでに(3-2)式で求めた運動エネルギーによる状態和 (z_K とする) との積で与えられる．すなわち，

$$z = z_K z_{\text{int}} \tag{3-89}$$

としてよい．したがって，粒子 X の化学ポテンシャルは一般に，

$$\mu_X = k_B T \ln\left\{\left(\frac{h^2}{2\pi m_X k_B T}\right)^{\frac{3}{2}} \frac{N_X}{V}\right\} - k_B T \ln z_{\text{int}}^X \tag{3-90}$$

で与えられる．各成分の粒子濃度を $c_X = N_X/V$ として書きなおすと，

$$\mu_X = k_B T \ln\left\{\left(\frac{h^2}{2\pi m_X k_B T}\right)^{\frac{3}{2}} c_X / z_{\text{int}}^X\right\} \tag{3-91}$$

を得る．

3.5.3 質量作用の法則

このようにして得られた各成分の化学ポテンシャル((3-91)式)を，平衡条件

式((3-87)式)に代入して整理すると,

$$\frac{c_{AB}}{c_A c_B} = \frac{h^3}{(2\pi k_B T)^{3/2}} \left(\frac{m_{AB}}{m_A m_B}\right)^{\frac{3}{2}} \frac{z_{int}^{AB}}{z_{int}^A z_{int}^B} \equiv K(T) \qquad (3\text{-}92)$$

と,いわゆる**質量作用の法則**を得る.ここで,K は反応の平衡定数である.いうまでもなく,平衡定数 K が大きければ反応が進み反応生成物 AB 分子の濃度が大きくなるわけであるが,ここで K を決める因子について微視的な観点から考えてみよう.温度 T や各成分粒子の質量は容易に求めることができるが,(3-88)式で与えられる内部自由度の状態和の寄与は少し複雑である.

A,B 原子は単原子粒子なので,励起状態は電子系の励起状態のみを考えておけばよく,電子系の励起エネルギーは eV のオーダーなので温度エネルギー $k_B T$ に対して十分大きく,状態和への寄与は基底状態のみを考えておけばよい.すなわち,

$$z_{int}^A = g_A e^{-\varepsilon_0^A/k_B T}, \quad z_{int}^B = g_B e^{-\varepsilon_0^B/k_B T} \qquad (3\text{-}93)$$

とする.ここで,g_A, g_B は基底状態の縮退度である.通常電子系の基底状態には縮退がない場合が多いが,不活性元素を除き,いわゆる原子状態の孤立原子は不対スピンをもっており,スピン縮退が残っているので g_A, g_B はそのまま残しておく.

次に,AB 分子の状態和を考える.この場合,取り得るエネルギー準位としては電子系のエネルギー準位 ε_0^{AB} の他,分子の力学的回転エネルギーおよび振動エネルギーを取り入れる必要がある.まず振動は単振動と考えてよいので量子力学でのエネルギー準位は,振動数を ν_{AB} とすれば,$\varepsilon_n = \left(\frac{1}{2} + n\right) h\nu_{AB}$ で与えられ,状態和は

$$\begin{aligned} z_{vib}^{AB} &= e^{-h\nu_{AB}/2k_B T} \sum_{n=0}^{\infty} e^{-h\nu_{AB} n/k_B T} = e^{-h\nu_{AB}/2k_B T} \frac{1}{1-e^{-h\nu_{AB}/k_B T}} \\ &= \frac{1}{e^{h\nu_{AB}/2k_B T} - e^{-h\nu_{AB}/2k_B T}} = \frac{1}{2\sinh(h\nu_{AB}/2k_B T)} \end{aligned} \qquad (3\text{-}94)$$

となる.回転については,分子の慣性モーメントを I_{AB},角運動量を l とする

3.5 化学反応の平衡

と，古典力学では回転エネルギーは $\varepsilon_l = l^2/2I_{AB}$ で与えられるので，量子化した全角運動量 $l^2 = j(j+1)(h/2\pi)^2$ ($j=0, 1, 2, \cdots$) を使うと，取り得るエネルギー準位は

$$\varepsilon_j^{AB} = \frac{h^2}{8\pi^2 I_{AB}} j(j+1) \tag{3-95}$$

となり，状態和は縮退数 $(2j+1)$ を考慮して，

$$z_{\text{rot}}^{AB} = \sum_{j=0}^{\infty} (2j+1) \exp\left\{-\frac{h^2}{8\pi^2 I_{AB} k_B T} j(j+1)\right\} \tag{3-96}$$

で与えられる．この級数の計算は少し面倒であるが，$h^2/8\pi^2 I_{AB} k_B T \ll 1$ が成り立つ高温近似では和を積分に置き換え

$$z_{\text{rot}}^{AB} \approx \int_0^{\infty} (2x+1) \exp\left\{-\frac{h^2}{8\pi^2 I_{AB} k_B T} x(x+1)\right\} dx$$

$$= \frac{8\pi^2 I_{AB} k_B T}{h^2} \tag{3-97}$$

を得る．各々の寄与は互いに独立なので，分子 AB の内部自由度による状態和は各々の積で与えられ

$$z_{\text{int}}^{AB} = z_e^{AB} z_{\text{vib}}^{AB} z_{\text{rot}}^{AB}$$

$$= g_{AB} e^{-\varepsilon_0^{AB}/k_B T} \frac{1}{2\sinh(h\nu_{AB}/2k_B T)} \frac{8\pi^2 I_{AB} k_B T}{h^2} \tag{3-98}$$

となる．このようにして得られた z_{int}^{X} を使って $z_{\text{int}}^{AB}/z_{\text{int}}^{A} z_{\text{int}}^{B}$ を書き下すと

$$\frac{z_{\text{int}}^{AB}}{z_{\text{int}}^{A} z_{\text{int}}^{B}} = \frac{g_{AB}}{g_A g_B} \frac{8\pi^2 I_{AB} k_B T}{h^2} \frac{1}{2\sinh(h\nu_{AB}/2k_B T)} e^{-(\varepsilon_0^{AB} - \varepsilon_0^{A} - \varepsilon_0^{B})/k_B T} \tag{3-99}$$

となり，これをもとに，平衡定数を求めると

$$K = h\sqrt{\frac{8\pi}{k_B T}} \left(\frac{m_{AB}}{m_A m_B}\right)^{\frac{3}{2}} \frac{g_{AB}}{g_A g_B} I_{AB} \frac{1}{2\sinh(h\nu_{AB}/2k_B T)} e^{\Delta\varepsilon/k_B T} \tag{3-100}$$

が得られる．

ここで，どの因子が平衡定数を決定するのに支配的かを考察するため，各寄

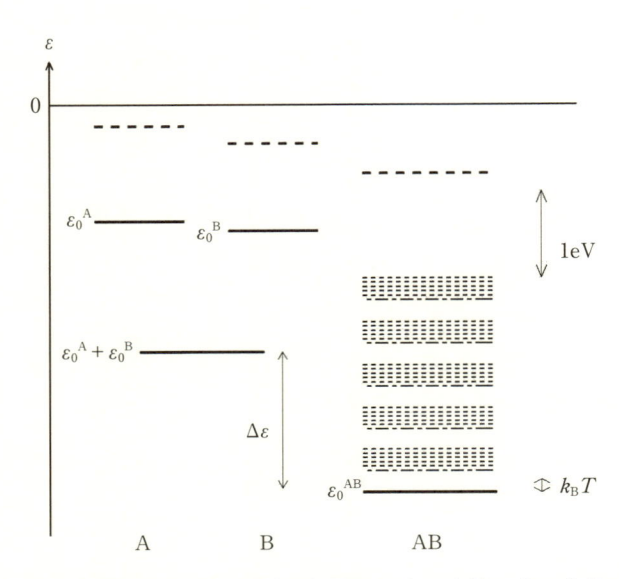

図 3-8 原子分子のエネルギー準位の概略図．太い実線，太い点線はそれぞれ電子系の基底エネルギー，第一励起エネルギー．$\Delta\varepsilon = \varepsilon_0^A + \varepsilon_0^B - \varepsilon_0^{AB}$ は分子の結合エネルギーに相当する．一点鎖線は分子の振動エネルギー準位，細い点線は回転のエネルギーを示す．

与のエネルギー準位を大まかに比べてみよう．図 3-8 にその概略を示すが，電子系の準位差 $\Delta\varepsilon = \varepsilon_0^A + \varepsilon_0^B - \varepsilon_0^{AB} > 0$ が最も大きく eV のオーダー，次に，振動のエネルギー $h\nu$ は 0.1 eV 程度，回転エネルギーを決める因子 $h^2/8\pi^2 I_{AB}$ は 0.001 eV のオーダーである．したがって，ある温度での平衡定数を決める因子としては $\Delta\varepsilon$ が支配的で，これは分子の結合エネルギーに相当するので，結局，結合エネルギーが大きければ分子 AB の生成率が大きくなるという当然の結果を示している．

3.5.4 一般的な化学反応への拡張

前項では最も簡単な化学反応についての平衡条件を求めたが，より一般的な

3.5 化学反応の平衡

化学反応に拡張するのは容易である．ここで，化学反応式を

$$n_1 X_1 + n_2 X_2 + \cdots + n_i X_i + \cdots + n_l X_l = 0 \tag{3-101}$$

と書き表す．X_i は粒子の種類，n_i は反応が 1 過程進行したときの X_i 粒子の増減数を表し，反応生成物の係数 n_i を負とする．したがって反応 $A + B \rightleftarrows AB$ については，$X_1 = A$，$X_2 = B$，$X_3 = AB$，$n_1 = 1$，$n_2 = 1$，$n_3 = -1$ とすればよい．

(3-85)式に対応する，ギブスの自由エネルギー極小の条件式は

$$dG = \sum_{i=1}^{l} \mu_i \, dN_i = 0 \tag{3-102}$$

となり，各粒子数の変化は，反応過程の進行数を δN とすれば

$$dN_i = n_i \, \delta N \tag{3-103}$$

と書けるので，(3-102)式は

$$dG = \left(\sum_{i=1}^{l} n_i \mu_i \right) \delta N = 0 \tag{3-104}$$

となり，平衡条件式

$$\sum_{i=1}^{l} n_i \mu_i = 0 \tag{3-105}$$

が得られる．なお，反応に伴う各元素の原子数の保存則は，反応式(3-101)に組み込まれているので自動的に満たされている．

さらに，各成分が理想気体と見なせる場合，各成分の化学ポテンシャルは(3-91)式より $\mu_{X_i} = k_B T \{ \ln c_{X_i} + A_{X_i}(T) \}$ で与えられるので，これを(3-105)式に代入し整理すると，質量作用の法則は

$$\prod_{i=1}^{l} c_{X_i}^{n_i} = K(T) \tag{3-106}$$

という形で与えられる．

演習問題 3-1
ヘリウムガスを理想気体と見なし，300 K，1 気圧での 1 モル当たりの内部エネルギー，エントロピーを求めよ．また，300 K，1 気圧での化学ポテンシャルを eV 単位で求めよ

演習問題 3-2
銅の伝導電子(1 原子当たり 1 個)を自由電子と見なし，フェルミエネルギーを eV 単位およびそれに相当する温度で求めよ．なお銅は面心立方晶で格子定数は 0.361 nm である．

演習問題 3-3
3 つのエネルギー準位，$E_1 = -\varepsilon$，$E_2 = 0$，$E_3 = \varepsilon$ をもつ N 個の粒子からなる系の 1 粒子状態和 z を求め，それより，
 (1) ヘルムホルツの自由エネルギー
 (2) 内部エネルギー U
 (3) 比熱 C
 (4) エントロピー S を与える式を導き，$T = 0, T \to \infty$ での値を求めよ．また，
 (5) (3)で求めた結果に基づき，数値計算ソフト(エクセル等)を使って比熱の温度依存性をグラフで示せ．このとき縦軸は任意，横軸は ε/k_B を単位として 4.0 まで示せ．

演習問題 3-4
 (1) 水素原子ガスと水素分子ガスを理想気体と見なし 1000 K および 10,000 K における平衡定数 $K(T) = c_{H_2}/c_H^2$ を求めよ．
 ここで，水素分子の結合エネルギーは 4.74 eV，原子間距離は 0.74 nm，振動数は 132 THz として計算せよ．
 (2) (1)で求めた平衡定数を使い，1 気圧(101.3 kPa)1000 K，および 1 気圧 10,000 K での水素の解離率 $c_H/(2c_{H_2} + c_H)$ を求めよ．

第4章 材料科学への応用

この章では,統計熱力学の物性物理学,材料科学への応用を各論的に紹介する.

4.1 固体の空孔濃度

固体は結合エネルギー $-\varepsilon_0$ で規則正しく配列し結晶格子を作っているが,一部格子点から原子が抜けて空孔が生じる.このとき,$-\varepsilon_0$ をエネルギーの原点と考えれば空孔は正の生成エネルギー $V \approx \varepsilon_0$ をもつ粒子と考えてよい.ここでは,温度 T での空孔濃度を求めてみよう.大変簡単な系なので復習をかねていくつかの方法で求める.以下,原子数を N,空孔の数を n とする.また,空孔が生じた位置は特定の格子点として指定できるので,互いに区別できる粒子の系と見なすことができる.

図 4-1 空孔の概念図.

（1） ボルツマン分布則

系をエネルギー0または V をもつ1粒子系と見なし，正準集合に対するボルツマン分布則を適用すると，ある格子点に空孔が生成する確率は

$$P = \frac{e^{-V/k_BT}}{z}, \quad z = 1 + e^{-V/k_BT} \tag{4-1}$$

で与えられる．通常 $V \gg k_BT$ と考えてよいので，空孔数は $n \approx Ne^{-V/k_BT}$ となり，空孔濃度は単純に

$$\frac{n}{N} = e^{-V/k_BT} \tag{4-2}$$

で与えられる．

（2） 小正準集合

n 個の空孔を作る組み合わせ数 W は

$$W = \frac{N!}{n!(N-n)!} \tag{4-3}$$

したがって，系のエントロピーは

$$\begin{aligned}
S &= k_B \ln W = k_B \ln\left\{\frac{N!}{n!(N-n)!}\right\} \\
&= k_B\{N \ln N - N - n \ln n + n - (N-n)\ln(N-n) + N - n\} \\
&= k_B\{N \ln N - n \ln n - (N-n)\ln(N-n)\} \tag{4-4}
\end{aligned}$$

で与えられ，n 個の空孔が存在するときのヘルムホルツの自由エネルギーは

$$F(n) = nV - k_BT\{N \ln N - n \ln n - (N-n)\ln(N-n)\} \tag{4-5}$$

となる．熱平衡状態は $\partial F(n)/\partial n = 0$ で与えられるので

$$\frac{\partial F}{\partial n} = V + k_BT \ln\left(\frac{n}{N-n}\right) = 0 \tag{4-6}$$

したがって，

$$\frac{n}{N-n} = e^{-V/k_BT} \tag{4-7}$$

が得られる．$N \gg n$ なので空孔濃度は

$$\frac{n}{N} = e^{-V/k_B T} \tag{4-8}$$

と，（1）と同じ結果が得られる．

4.2 合金の規則不規則変態―ブラッグ-ウィリアムズ近似―

A，B 2 種類の等量の元素からなる合金（A-B 2 元合金）は，互いの原子間結合エネルギーの違いにより規則構造をとることがある．ここでは，**図 4-2** に示すような，CsCl 型規則合金が生じる条件を求める．簡単のため，最近接原子間の結合エネルギーのみを取り入れ，原子 A-A 間，B-B 間，A-B 間の結合エネルギー（負の値）をそれぞれ，V_{AA}, V_{BB}, V_{AB} とし，A-A, B-B, A-B 原子対の数をそれぞれ N_{AA}, N_{BB}, N_{AB} とすると，内部エネルギーは

$$U = N_{AA} V_{AA} + N_{BB} V_{BB} + N_{AB} V_{AB} \tag{4-9}$$

で与えられる．この場合，全エネルギーが各粒子の和で表せず，系の状態和を求めようとすると，すべての取り得る配置についての和を求める必要があり簡単でない．そこで，全原子数（格子点数）を N として，以下の式で表せる規則度 P を定義し（正確には長距離規則度），平均の内部エネルギーを求める．規

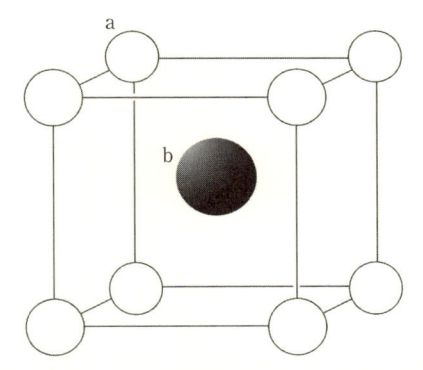

図 4-2 CsCl 型規則格子．体心立方晶格子の角位置（a 副格子とよぶ）に A 原子が，体心位置（b 副格子とよぶ）に B 原子が優先的に入り規則合金を作る．

則度は $0 \leq P \leq 1$ の値をもち，$P=0$ では完全不規則であり，$P=1$ のときすべての A 原子は副格子 a に，すべての B 原子は副格子 b に配置する．一般の P について，a, b 副格子上にある A, B 原子数は

$$\text{a 副格子上の A 原子数}: A_\text{a} = \frac{1}{4}(1+P)N \tag{4-10a}$$

$$\text{a 副格子上の B 原子数}: B_\text{a} = \frac{1}{4}(1-P)N \tag{4-10b}$$

$$\text{b 副格子上の A 原子数}: A_\text{b} = \frac{1}{4}(1-P)N \tag{4-10c}$$

$$\text{b 副格子上の B 原子数}: B_\text{b} = \frac{1}{4}(1+P)N \tag{4-10d}$$

で与えられる．このように定義したパラメータを用いると，たとえば，A-A 原子対の数は

$$N_\text{AA} = A_\text{a} \cdot (\text{最近接格子点数}) \cdot (\text{b 副格子に A 原子が入る確率}) \tag{4-11}$$

で与えられるので，各原子対の数は

$$N_\text{AA} = \left\{\frac{1}{4}(1+P)N\right\} \cdot 8 \cdot \frac{1}{2}(1-P) = (1-P^2)N \tag{4-12a}$$

$$N_\text{BB} = \left\{\frac{1}{4}(1+P)N\right\} \cdot 8 \cdot \frac{1}{2}(1-P) = (1-P^2)N \tag{4-12b}$$

$$N_\text{AB} = \left\{\frac{1}{4}(1+P)N\right\} \cdot 8 \cdot \frac{1}{2}(1+P) +$$
$$\left\{\frac{1}{4}(1-P)N\right\} \cdot 8 \cdot \frac{1}{2}(1-P) = 2(1+P^2)N \tag{4-12c}$$

となる．したがって，全結合エネルギーは

$$\begin{aligned} U(P) &= (1-P^2)NV_\text{AA} + (1-P^2)NV_\text{BB} + 2(1+P^2)NV_\text{AB} \\ &= N(V_\text{AA} + V_\text{BB} + 2V_\text{AB}) + NP^2(2V_\text{AB} - V_\text{AA} - V_\text{BB}) \\ &= U_0 + NP^2 V \end{aligned} \tag{4-13}$$

と，規則度 P の関数として求められる．ここで，

$$U_0 = N(V_\text{AA} + V_\text{BB} + 2V_\text{AB}) \tag{4-14a}$$

$$V = (2V_\text{AB} - V_\text{AA} - V_\text{BB}) < 0 \tag{4-14b}$$

4.2 合金の規則不規則変態—ブラッグ-ウィリアムズ近似—

を用いた．V が負であれば，当然内部エネルギーは $P=1$ のとき最小となるが，有限温度ではエントロピー項を取り入れた自由エネルギー最小の条件を求める必要がある．

以下で，温度 T における規則度 P を小正準集合によって求める．a, b 副格子に A, B 原子を配置する配置数 W は

$$W = \frac{\left(\frac{1}{2}N\right)!}{A_a!B_a!}\frac{\left(\frac{1}{2}N\right)!}{A_b!B_b!} = \left[\frac{\left(\frac{1}{2}N\right)!}{\left\{\frac{1}{4}(1+P)N\right\}!\left\{\frac{1}{4}(1-P)N\right\}!}\right]^2 \quad (4\text{-}15)$$

となるので，スターリングの公式により，系のエントロピー

$$S = k_B \ln W$$
$$= Nk_B \ln 2 - \left(\frac{N}{2}\right)k_B\{(1+P)\ln(1+P) + (1-P)\ln(1-P)\} \quad (4\text{-}16)$$

を得る．したがって，ヘルムホルツの自由エネルギーは

$$F = U - TS$$
$$= U_0 + NVP^2 + \left(\frac{N}{2}\right)k_B T\{(1+P)\ln(1+P) + (1-P)\ln(1-P)\}$$
$$- Nk_B T \ln 2 \quad (4\text{-}17)$$

となる．温度 T での規則度は自由エネルギー極小の条件式

$$\frac{\partial F}{\partial P} = 2NVP + \left(\frac{N}{2}\right)k_B T \ln\left(\frac{1+P}{1-P}\right) = 0 \quad (4\text{-}18)$$

より，

$$-\frac{4VP}{k_B T} = \ln\left(\frac{1+P}{1-P}\right) \quad (4\text{-}19)$$

で与えられる．この方程式を数値的に解けば与えられた温度での規則度を求めることができるが，物理的な意味を明らかにするためグラフによる解法を紹介しておく．

そのため，変数

$$x = -\frac{4VP}{k_B T} \quad (4\text{-}20)$$

を導入すると，(4-19)式は

$$x = \ln\left(\frac{1+P}{1-P}\right) \tag{4-21}$$

となり，P を x の関数で表すと，(4-20)式は

$$P = -\frac{k_B T}{4V} x \tag{4-22}$$

(4-21)式は

$$P = \frac{e^x - 1}{1 + e^x} = \frac{e^{x/2} - e^{-x/2}}{e^{x/2} + e^{-x/2}} = \tanh\left(\frac{x}{2}\right) \tag{4-23}$$

と書ける．(4-22)，(4-23)式を x の関数としてグラフで表すと，**図 4-3**(a)のようになり，曲線と直線の交点がその温度での規則度 P を与える．直線の勾配は温度に比例し，原点での曲線の勾配と等しくなる臨界温度 T_c 以下では原点以外に交点が存在し，T_c 以上では原点以外に交点は生じない．図 4-3(b)はこのようにして求めた規則度の温度依存性を示す．ここで T_c は

$$\frac{dP}{dx} = -\frac{k_B T}{4V} = \frac{1}{2} \tag{4-24}$$

より

$$T_C = -\frac{2V}{k_B} \tag{4-25}$$

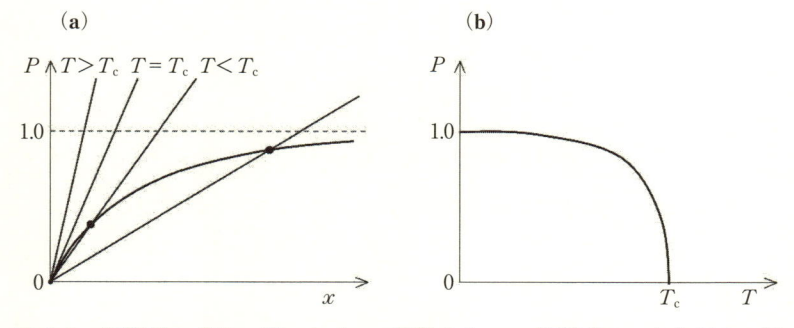

図 4-3 規則度のグラフ解．(a) x の関数としての規則度 P．交点がその温度での規則度を与える．(b) 交点の温度依存性．

で与えられる．このような近似法をブラッグ-ウィリアムズ(Bragg-Williams)近似とよび，次節で述べる強磁性の分子場近似と同等である．

4.3 強磁性体と2次の相転移

4.3.1 ハイゼンベルグ・ハミルトニアンとイジング・モデル

3.3節で，スピン量子数 $S=1/2$ に相当する磁気モーメントをもつ原子を2準位モデルとして取り扱い，比熱や磁化率を求めたが，このときスピン間の相互作用は無視した．実際の物質では相互作用があり，特に鉄やニッケルなどの強磁性体では隣接する原子のスピン間に互いのスピン方向を揃えようとする強い相互作用が働き，室温でも大部分の原子の磁気モーメントが同一方向に向く，いわゆる強磁性状態が実現する．この強い相互作用の原因は原子間交換エネルギー J であり(参考書(2)，4.1.1項参照)，水素原子の場合は，$J<0$ でスピンは逆方向に向いたが，もし $J>0$ であれば，スピンは同一方向にそろった方がエネルギーが低くなり強磁性発生の原因となり得る．ここでは，その原因についてはこれ以上立ち入らず，J をパラメータとしてのこし，系のエネルギー(ハミルトニアン)は

$$\mathcal{H} = -J\boldsymbol{S}_1 \cdot \boldsymbol{S}_2 \tag{4-26}$$

で与えられるものとする．ここで，$\boldsymbol{S}$ はスピン演算子であり，$\mathcal{H}$ をハイゼンベルグ(Heisenberg)・ハミルトニアンとよぶ(参考書(2)，4.1.2項参照)．固体中の原子の場合は隣接する原子間の相互作用の和となり

$$\mathcal{H} = -\sum_{i,j} J_{i,j} \boldsymbol{S}_i \cdot \boldsymbol{S}_j \tag{4-27}$$

で与えられ，磁性体の統計力学の出発点となる．これをまともに取り扱うのは難しく，実際には相互作用は最近接原子間のみに働くとし，さらに $\boldsymbol{S}_i, \boldsymbol{S}_j$ を上向き，下向きの2方向のみを向くベクトル量 $\boldsymbol{S}_i = S\sigma_i\hat{\boldsymbol{z}}, \sigma_i = \pm 1$ として取り扱い，系のエネルギーが

$$E = -JS^2 \sum_{i,j} \sigma_i \cdot \sigma_j \tag{4-28}$$

で与えられるものとする．ここで，i,j の和は最近接原子対のみについてとる．これをイジング(Ising)・モデルとよび，以下このモデルに基づき議論する．

4.3.2 分子場モデル

系のエネルギーが(4-28)式で与えられれば，形式的に状態和は

$$Z = \sum_{i,j} e^{JS^2\sigma_i\sigma_j/k_{\mathrm{B}}T} \tag{4-29}$$

で与えられる．ここで，取り得る状態は，i,j のスピン方向が取り得るすべての組み合わせであり，膨大な数になり計算の実行は難しい．いま，スピン i にのみ着目すると，取り得るエネルギーは

$$\varepsilon_i = -JS^2\sigma_i \sum_{j:\text{最近接原子}} \sigma_j, \quad \sigma_i = \pm 1, \quad \sigma_j = \pm 1 \tag{4-30}$$

で与えられるが，その値はスピン i の方向のみでは決まらず，最近接原子のスピンの方向の組み合わせによって異なる．したがって，系のエネルギーは個々の粒子(スピン)のエネルギーの和では表せず，3.3節で取り上げたスピン間相互作用のない場合に適用できた(3-66)式のように，系の状態和を構成する個々の粒子の状態和の N 乗として求めることができない．このような問題を多体問題とよび，一般に解を求めるのは容易でなく，何らかの近似が必要である．

最も簡単な近似は(4-30)式において，最近接原子のスピンの和を，個々の原子の平均値 $\langle\sigma_j\rangle$ に最近接原子数 n_{nn} をかけた値，すなわち

$$\sum_j \sigma_j = n_{nn}\langle\sigma_j\rangle \tag{4-31}$$

とし，さらに，$\langle\sigma_j\rangle$ は系(強磁性体試料)の磁化 M に比例すると仮定し比例定数を α とする．各原子が 1 個の不対電子をもつ，すなわち原子磁気モーメントは $1\mu_{\mathrm{B}}$ の場合を考えると，1 個の原子の取り得るエネルギーは

$$\varepsilon = \pm \alpha M \mu_{\mathrm{B}} \tag{4-32}$$

と書け，$H_{\mathrm{m}} = \alpha M$ と置くと，3.3 節の 2 準位系における外部磁場 H を H_{m} に置き換えたものと同等であり，H_{m} のことを分子場とよぶ．このように考えると，2 準位系で得た結果がそのまま適用できる．具体的には，(3-72)式で与え

られる系全体の磁気モーメントは

$$M = N\mu_B \tanh\left(\frac{\mu_B H_m}{k_B T}\right) = N\mu_B \tanh\left(\frac{\alpha\mu_B M}{k_B T}\right) \qquad (4\text{-}33)$$

となる．この式は，前節で求めた規則合金の長距離規則度 P を $M/N\mu_B$ に，$-2V$ を $\alpha N\mu_B^2$ に置き換えるのと同じになり，$M \neq 0$ の解が存在すれば外部磁場がなくても磁化(試料全体の磁気モーメント)が発生する．これを自発磁化(spontaneous magnetization, M_s)とよび，強磁性体とは自発磁化をもつ物質として定義できる．自発磁化の温度依存性は規則度の変化と同じで，温度と共に減少し，ある臨界温度 T_c で0となる．この温度をキュリー温度とよび，この場合は

$$T_C = \frac{\alpha N \mu_B^2}{k_B} \qquad (4\text{-}34)$$

で与えられる．

4.3.3 協力現象とキュリー温度付近の磁化と比熱

自発磁化の温度変化は図 4-3(b)に示すように，T_c に近づくと急激に減少する．これは，最近接原子の平均磁気モーメント $\langle\sigma_j\rangle$ が減少すると，中心原子が感じる分子場が減少し，それ自身の磁気モーメントの平均値 $\langle\sigma_i\rangle$ も減少し，原子は対等なので $\langle\sigma_i\rangle$ の減少は $\langle\sigma_j\rangle$ の減少をもたらし，磁化の減少を加速する．このような現象を**協力現象**とよび，自然界にしばしば現れる．これを定量的に解析してみよう．

(1) 自発磁化の温度依存性

キュリー温度付近では磁化 M が小さく，(4-33)式の右辺 tanh の括弧内の変数

$$x = \frac{\alpha\mu_B M}{k_B T} \qquad (4\text{-}35)$$

は微少量と見なせ，tanh の展開式 $\tanh(x) = x - x^3/3 + \cdots$ および(4-35)式を使うと，(4-33)式は

$$M = \frac{k_\mathrm{B} T}{\alpha\mu_\mathrm{B}} x = N\mu_\mathrm{B}\left(1 - \frac{x^2}{3}\right) x \tag{4-36}$$

と書ける．T_c の定義式(4-34)式を使い x について求めると，

$$x^2 = 3\left(1 - \frac{T}{T_\mathrm{C}}\right) \tag{4-37}$$

が得られ，さらに M についての方程式((4-36)式)に戻すと

$$M^2 = 3(N\mu_\mathrm{B})^2 \left(\frac{T}{T_\mathrm{C}}\right)^2 \left(1 - \frac{T}{T_\mathrm{C}}\right) \tag{4-38}$$

が得られる．T_C のごく近傍では M の温度変化は(4-38)式の最終項 $(1 - T/T_\mathrm{C})$ が支配的になるので，$(T/T_\mathrm{C}) \approx 1$ として，

$$M \approx \sqrt{3}\, N\mu_\mathrm{B}\left(1 - \frac{T}{T_\mathrm{C}}\right)^{\frac{1}{2}} \tag{4-39}$$

と簡単化される．すなわち，自発磁化は T_C 近傍では $(1 - T/T_\mathrm{C})$ の平方根に比例して0に近づく．

(2) 磁気比熱

次に自発磁化の変化に伴う比熱(磁気比熱)を求める．系の内部エネルギーは一般的には系の状態和から自由エネルギーを求め，さらに(2-12)式を適用して求めることができるが，ここでは磁場中にある磁化のポテンシャルエネルギー $E = -MH$ から求める．分子場近似では H として分子場 H_m を使えばよさそうだが，そうすると相互作用エネルギーを2重に計算することになるので1/2をかけておく必要がある．したがって，

$$U_\mathrm{m} = -\frac{1}{2} M H_\mathrm{m} = -\frac{1}{2} \alpha M^2 \tag{4-40}$$

を得る．比熱は内部エネルギーの温度微分で与えられるので

$$C_\mathrm{m} = \frac{dU_\mathrm{m}}{dT} = -\frac{\alpha}{2}\frac{dM^2}{dT} \tag{4-41}$$

を求めればよい．M^2 として(4-38)式を採用すればキュリー温度付近の比熱は

4.3 強磁性体と2次の相転移

$$C_{\mathrm{m}} = -3\alpha(N\mu_{\mathrm{B}})^2 \left(1 - \frac{3}{2}\frac{T}{T_{\mathrm{C}}}\right)\frac{T}{T_{\mathrm{C}}^2} \tag{4-42}$$

となり，(4-34)式を使えば

$$C_{\mathrm{m}} = -3Nk_{\mathrm{B}}\left(1 - \frac{3}{2}\frac{T}{T_{\mathrm{C}}}\right)\frac{T}{T_{\mathrm{C}}} \tag{4-43}$$

が得られる．$T \to T_{\mathrm{C}}$ の極限では

$$C_{\mathrm{m}}(T \to T_{\mathrm{C}}) = \frac{3}{2}Nk_{\mathrm{B}} \tag{4-44}$$

となり，$T > T_{\mathrm{C}}$ では，(4-41)式において $M=0$ なので，磁気比熱も0となる．**図 4-4** にこの様子を図で示す．この図で点線は(4-43)式による計算値を示すが，比熱が負になることはないので実際には実線のような温度変化をする．このずれは，磁化の温度依存性を表す(4-38)式が，M を微少量と見なせるキュリー温度付近でのみ成り立つ近似だからである．

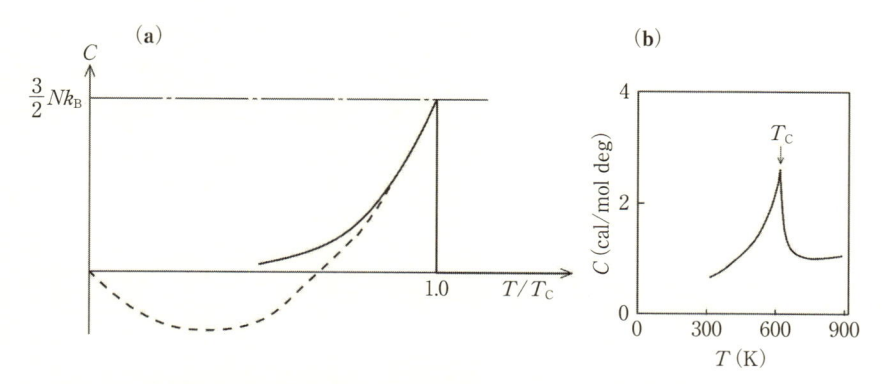

図 4-4 強磁性体の磁気比熱．(a) 分子場モデルによる計算値．点線は(4-43)式で計算した比熱．比熱は負とならないので実際は実線のような温度変化をする．キュリー温度では $C_{\mathrm{m}}(T_{\mathrm{C}}) = \frac{3}{2}Nk_{\mathrm{B}}$ となり直上で0となる．(b) Ni についての実測値．キュリー温度で鋭いピークを示すが直上で0にならず少し尾を引く．これはキュリー温度直上では短距離秩序が残るからである．

4.3.4 2次の相転移

分子場近似で比熱の温度変化を求めると，図4-4に示すようにキュリー温度で不連続的に変化し，相転移が起こっていると見なせる．通常の相転移では，転移点で潜熱が生じ2つの相の内部エネルギーが不連続的に変化するのに対し，この場合は，内部エネルギーは(4-40)式で与えられ，磁化 M はキュリー温度で急激に変化するものの連続的に0となり，潜熱は生じない．比熱は内部エネルギーの温度微分であり，内部エネルギーは(2-12)式で与えられるように自由エネルギーの1次微分なので，比熱の飛びは自由エネルギーの2次微分が不連続的に変化すると見なせる．したがって，このような相転移を**2次の相転移**とよぶ．これに対し潜熱を伴う通常の相転移を1次の相転移とよぶ．

なお，図4-4(b)に格子振動の寄与も含めたNiの比熱の実測値を示すが，キュリー温度(630 K)付近で鋭いピークを示すものの，直上では0にならず少し尾を引く．その形状からλ型比熱とよばれるが，その原因はキュリー温度直上では自発磁化は0となるが，数個のスピンからなる狭い領域を見るとまだスピンが部分的に揃った状態が続くからである．これを短距離秩序とよび，分子場モデルの限界を示す現象である．このずれを定量的に解析するため様々な理論が提出されており，それなりの成功を収めているがここでは参考書をあげるにとどめておく(参考書(3))．

4.4 帯電粒子のふるまい

これまで扱ってきた系では電子を除き構成粒子は電荷を帯びていないとしてきた．また，電子の場合についても外部電場がなければ，その電荷について特に考慮する必要はなかった．この節では帯電した粒子のふるまいについて熱力学的立場から論じる．具体的には金属中の電子，あるいは半導中の電子や正孔，すなわちいわゆる導体を対象とする．

4.4.1 異種金属の接触電位差と熱起電力

(1) 接触電位差

はじめに2種類の金属A, Bを接合したときの電子のエネルギー準位の変化に注目する．図4-5(a)に2つの金属A, Bが独立に存在するときのエネルギー準位を，3.2.2項の図3-3に準じて示す．図4-5(b)は金属Bのフェルミ準位(化学ポテンシャル)が金属Aより高い場合 ($\mu_A < \mu_B$) について，2つの金属を接触させたときのエネルギー準位の変化を示す．2つの系が互いに粒子(電子)をやりとりすることが可能になれば，金属Bから金属Aに互いの化学ポテンシャルが等しくなるまで電子が流れ込む．このとき，エネルギー準位の変化は，(1) A, Bの電子密度の変化によるフェルミエネルギー $\varepsilon_F^A, \varepsilon_F^B$ の変化，(2) 電荷のバランスが崩れAは負に，Bは正に帯電することによる静電ポテンシャルの変化の2つの原因が考えられる．(2)の場合，電子は電場によるポテンシャルを感じA内の電子のエネルギーは上昇し，B内の電子のエネルギーは低下する(電磁気学の定理により導体内の電荷は表面のみに分布し導体内の電位は一定となる)．したがって，ε_0^A は増加し，ε_0^B は低下する(図4-5の小さな矢印)．実際には(2)の効果が支配的で，A, Bの仕事関数はほとんど変化しない．その結果，Bの表面準位はAの表面準位に対し，両金属の仕事

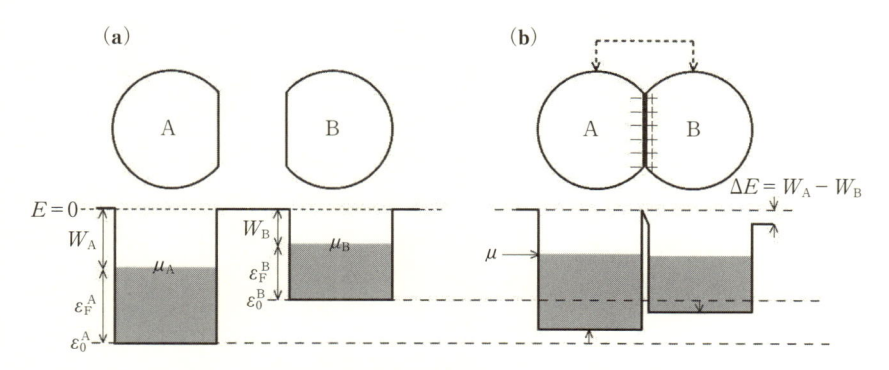

図4-5 接触電位差の概念図．(a)接触前の金属A, Bのエネルギー準位，(b)接触した後のエネルギー準位．上部の点線はA, Bをつなぐ導線(本文参照)．

関数の差に相当する

$$\Delta E_{A-B} = W_A - W_B \tag{4-45}$$

だけ低下する．これを**接触電位差**とよぶ．このとき，図に示したエネルギー準位は負の電荷をもつ電子についてのものなので，電位はBの表面が正極でAの表面が負極となる．ただし，このように発生した表面電位差は適当な方法により測定可能であるが，電流源としては利用できない．なぜなら，図4-5(b)の上部の点線で示すように，金属A，Bの表面に導線をつないだ場合，仮に金属Aを導線として使った場合，金属Aと導線の間には接触電位差は生じないが，金属Bと導線との接点では，金属A，B本体の接合面に生じている接触電位差と同じ大きさで逆方向の接触電位差が発生し，これらが作る閉回路に発生する電位差の和は0となるからである．なお，導線に別の金属Cを使っても，A-C間，C-B間の接触電位差の和は本体の電位差と等しくなり，やはり閉回路内で生じる電位差の和は0となり定常電流は流れない．すなわち，

$$\Delta E_{A-B} + \Delta E_{A-C} + \Delta E_{C-A} = 0 \tag{4-46}$$

が成り立つ．これをボルタ(Volta)の法則とよび，(4-45)式より容易に証明できる．

（2） 熱起電力

図4-6に示すようにA，B2種類の金属を接合して，閉回路を作ると接合点に接触電位差が生じるが両端の電位差は等しく打ち消し合い，右の等価回路でわかるように回路に電流は流れない．しかし，一方の端を加熱してやると電位差が変化し（正確にはフェルミ準位が変化し），同じ金属の両端のH，C点間に電位差が生じて定常電流が流れる．この現象は**ゼーベック**(Seebeck)**効果**とよばれ，古くから熱電対として温度測定に使われている．ただこのとき発生する電位差はきわめて小さく（mVのオーダー），電気機器に供給する電源としては使えない．

このように，定常的な電流を得るためには電位差が生じている所に何らかの手段でエネルギー（この場合は熱エネルギー）を注入するメカニズムを作ってやる必要がある．最近では2種の金属の代わりに，フェルミ準位に大きな差があ

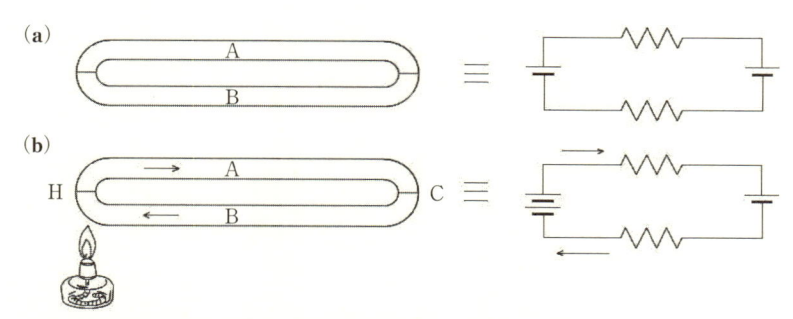

図 4-6 熱起電力の原理．右図は接触電位差を電池に見立てた等価回路．(a) A，B 2 種類の金属の両端を接合すると接触電位差が生じる．しかし左右端の接触電位差は同じなので打ち消し合い電流は流れない．(b) 一方の端を加熱するとフェルミ準位の変化により高温側接点の電位差が変化し回路に定常電流が流れる．

る n 型，p 型半導体の接合を使い熱電発電の実用化が試みられている．さらに，熱エネルギーの代わりに光エネルギー(光子)を使う太陽電池が CO_2 削減の切り札として広く使われている．

4.4.2 電池の原理

　物質の化学ポテンシャルの差を利用して電気を得る方法として古くから知られているのは化学電池である．いろいろな電池があり原理も異なっているが，ここでは，比較的原理が簡単なダニエル電池について説明する．

　図 4-7 にダニエル電池の概念図を示す．正極板は Cu で，負極板は Zn であり，それぞれ $Cu^{2+}(SO_4)^{2-}$ 電解溶液(A 槽)，$Zn^{2+}(SO_4)^{2-}$ 電解溶液(B 槽)に浸かっている．両溶液は $(SO_4)^{2-}$ イオンのみが透過する半透性の板(素焼きの陶板など)で仕切られている．また，各極板には電流を取り出すための Cu 製の端子がつけてある．

（1） 放電時の化学反応

　Cu, Zn 共にイオン化して電解液に溶け込むことができるが，Zn の方がイオン化傾向が大きいため，Zn のみが Zn^{2+} とイオン化し B 槽に溶け込む．この

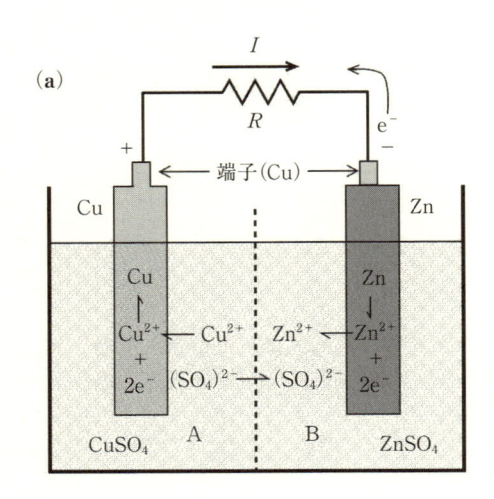

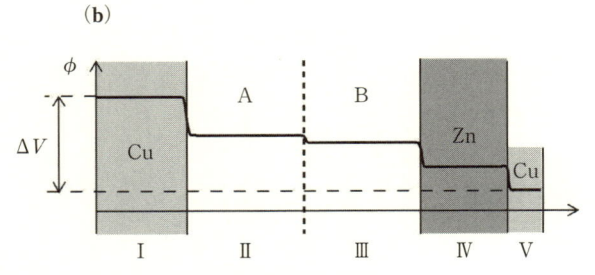

図 4-7 ダニエル電池. (a)原理図：陰極板は亜鉛 (Zn) でできており，$Zn^{2+}SO_4^{2-}$ 電解溶液（B 槽）に浸かっている．正極板は銅 (Cu) でできており，$Cu^{2+}SO_4^{2-}$ 電解溶液（A 槽）に浸かっている．両槽は SO_4^{2-} のみを透過する半透性の板で仕切られている（図の縦点線）．両極板には電気を取り出すための銅製の端子がついている．矢印は放電時の各粒子の移動方向を示す．(b)平衡状態にある各領域での電位（$\phi(X)$）．右端は銅製の端子.

とき余分の電子が生じ陰極板は負に帯電し電位が下がるが，そのため余剰電子は静電力を受け負荷の抵抗 R の導線を通って Cu 極板に流れ込み（つまり正極から負極へ電流 I が流れ），溶液中の Cu^{2+} イオンに与えられ Cu^{2+} イオンは金属原子として正極板に取り込まれる．化学式で書けば，各々の極板で

$$Zn \rightarrow Zn^{2+} + 2e\,(\textbf{酸化反応}), \quad Cu^{2+} + 2e \rightarrow Cu\,(\textbf{還元反応}) \qquad (4\text{-}47)$$

で表せる酸化還元反応が生じる．これらをまとめると
$$Zn + Cu^{2+} \rightarrow Cu + Zn^{2+} \qquad (4\text{-}48)$$
と書け，この反応で生じる自由エネルギーの減少分が電気エネルギーとして主として負荷抵抗 R で消費される．このとき，溶液中の $(SO_4)^{2-}$ イオンは A, B 槽での電荷の中性を保つため半透板を通って A 槽から B 槽へ流れ込み電池内の電流を運ぶ．そのため，放電が進むと共に A 槽の $(SO_4)^{2-}$ イオン濃度は減少し，B 槽の $(SO_4)^{2-}$ イオン濃度は増加する．

（２） 準平衡状態での各領域の電位と電池の起電力

以上は定性的な説明だが，この電池の起電力を求めるため，各領域での電位を調べよう．ただし，回路を流れる電流は十分小さく，各領域での電位は一定と見なしてよく，かつ各領域の境界では化学的平衡が成り立っている準平衡状態にあるとする．この電池は図 4-7（b）に示すように，負極（Zn）に取り付けた Cu 端子も含め，5 つの領域に分けられ，各領域を，$Z \equiv$ I, II, III, IV, V と表記する．また，粒子の種類は $X(Cu^{2+}, Zn^{2+}$ 等）で区別する．また電子は e と表記する．さらに，イオンの電荷を q とし，電子の電荷は $q = -e$ とする．また，領域 Z にある X 粒子の化学ポテンシャルを $\mu_X(Z)$，その領域の電位を $\phi(Z)$ とすると，領域 Z にある X 粒子の**電気化学ポテンシャル**は，$\zeta_X(Z) = \mu_X(Z) + q_X \phi(Z)$ で定義される．平衡の条件は，領域の境界を出入りする粒子の電気化学ポテンシャルが等しくなるとして求めることができる．以下，各境界での平衡条件を書き下すと，

I⇔II 間（Cu^{2+} の出入）：$\mu_{Cu^{2+}}(\text{I}) + 2e\phi(\text{I}) = \mu_{Cu^{2+}}(\text{II}) + 2e\phi(\text{II})$
$$(4\text{-}49a)$$

II⇔III 間（$(SO_4)^{2-}$ の出入）：$\mu_{SO_4^{2-}}(\text{II}) - 2e\phi(\text{II}) = \mu_{SO_4^{2-}}(\text{III}) - 2e\phi(\text{III})$
$$(4\text{-}49b)$$

III⇔IV 間（Zn^{2+} の出入）：$\mu_{Zn^{2+}}(\text{III}) + 2e\phi(\text{III}) = \mu_{Zn^{2+}}(\text{IV}) + 2e\phi(\text{IV})$
$$(4\text{-}49c)$$

IV⇔V 間（電子の出入）：$\mu_e(\text{IV}) - e\phi(\text{IV}) = \mu_e(\text{V}) - e\phi(V)$ $\quad (4\text{-}49d)$

が成り立つ．

これらの式から求めたいのは，電池の起電力すなわち両端子間の電位差 $\Delta V = \phi(\mathrm{I}) - \phi(\mathrm{V})$ であるが，簡単のため，A 槽，B 槽のイオン濃度が等しくなっている状態について解く．この場合，$\mu_{\mathrm{SO}_4^{2-}}(\mathrm{II}) = \mu_{\mathrm{SO}_4^{2-}}(\mathrm{III})$ としてよいので，$\phi(\mathrm{II}) = \phi(\mathrm{III})$ と A 槽，B 槽の電位は等しくなる．したがって (4-49c) 式は

$$\mu_{\mathrm{Zn}^{2+}}(\mathrm{III}) + 2e\phi(\mathrm{II}) = \mu_{\mathrm{Zn}^{2+}}(\mathrm{IV}) + 2e\phi(\mathrm{IV}) \tag{4-50}$$

と書ける．(4-49a) 式と (4-50) 式の和から，(4-49d) 式を 2 倍にして引くと，すなわち，(4-49a) + (4-50) − 2×(4-49d) を計算すると，

$$\mu_{\mathrm{Cu}^{2+}}(\mathrm{I}) + 2e\phi(\mathrm{I}) + \mu_{\mathrm{Zn}^{2+}}(\mathrm{III}) - 2\mu_{\mathrm{e}}(\mathrm{IV})$$
$$= \mu_{\mathrm{Cu}^{2+}}(\mathrm{II}) + \mu_{\mathrm{Zn}^{2+}}(\mathrm{IV}) - 2\mu_{\mathrm{e}}(\mathrm{V}) + 2e\phi(\mathrm{V}) \tag{4-51}$$

となる．さらに，各極板内では $\mathrm{Cu} \rightleftarrows \mathrm{Cu}^{2+} + 2e$, $\mathrm{Zn} \rightleftarrows \mathrm{Zn}^{2+} + 2e$　$\mathrm{Zn} \Leftrightarrow \mathrm{Zn}^{2+} + 2e$ となっているので，化学反応の平衡条件 ((3-87) 式) より

$$\mu_{\mathrm{Cu}}(\mathrm{I}) = \mu_{\mathrm{Cu}^{2+}}(\mathrm{I}) + 2\mu_{\mathrm{e}}(\mathrm{I}) \tag{4-52a}$$

$$\mu_{\mathrm{Zn}}(\mathrm{IV}) = \mu_{\mathrm{Zn}^{2+}}(\mathrm{IV}) + 2\mu_{\mathrm{e}}(\mathrm{IV}) \tag{4-52b}$$

が成り立ち，これを (4-51) 式に代入し，$\mu_{\mathrm{e}}(\mathrm{I}) = \mu_{\mathrm{e}}(\mathrm{V}) = \varepsilon_{\mathrm{F}}^{\mathrm{Cu}}$ であることを考慮し整理すると，

$$2e[\phi(\mathrm{I}) - \phi(\mathrm{V})] = [\mu_{\mathrm{Zn}}(\mathrm{IV}) - \mu_{\mathrm{Zn}^{2+}}(\mathrm{III})] - [\mu_{\mathrm{Cu}}(\mathrm{I}) - \mu_{\mathrm{Cu}^{2+}}(\mathrm{II})] \tag{4-53}$$

と，この電池の起電力が求まる．この結果から，ダニエル電池の起電力は亜鉛と銅のイオン化エネルギーの差から生じていることがわかる．この等式は，A 槽と B 槽のイオン濃度が等しいときの値であり，初期状態では，通常 A 槽のイオン濃度を高く，B 槽のイオン濃度を低くしているので，$\mu_{\mathrm{SO}_4^{2-}}(\mathrm{II}) > \mu_{\mathrm{SO}_4^{2-}}(\mathrm{III})$ であり，領域 II と III の間の電気化学ポテンシャル等価の条件，

$$\zeta_{\mathrm{SO}_4^{2-}}(\mathrm{II}) = \mu_{\mathrm{SO}_4^{2-}}(\mathrm{II}) - 2e\phi(\mathrm{II}) = \zeta_{\mathrm{SO}_4^{2-}}(\mathrm{III}) = \mu_{\mathrm{SO}_4^{2-}}(\mathrm{III}) - 2e\phi(\mathrm{III}) \tag{4-54}$$

より，領域 II と III の間には一般に

$$\Delta V' = [\phi(\mathrm{II}) - \phi(\mathrm{III})]/2e = [\mu_{\mathrm{SO}_4^{2-}}(\mathrm{II}) - \mu_{\mathrm{SO}_4^{2-}}(\mathrm{III})]/2e \tag{4-55}$$

の電位差が生じている．ただし，溶液の化学ポテンシャルは濃度の対数に比例して変化するので，この値は小さく起電力はほとんどイオン化エネルギーの差

によって決まるといってよい.

　以上の議論は,あくまで古典的な電気化学熱力学の教えるところであり,統計熱力学により,各粒子の各領域における化学ポテンシャルが求まれば,電池の起電力を理論的に導けるわけであるが,溶液中の帯電粒子の化学ポテンシャルを第1原理より導くのは難しく,議論も専門的になるのでここまでにしておく.

4.5　半導体のフェルミ準位

　半導体は多くの電気機器に使われ,また太陽電池の素材でもあり,現代社会を維持するのに必要なきわめて重要な機能材料である.その性質を理解するためには固体中での電子のエネルギー準位を記述するエネルギーバンド理論を理解する必要があり,さらに,整流,増幅,発電などの機能を理解するには電子や正孔のフェルミ準位(化学ポテンシャル)が重要な役割を果たす.ここでは,固体中でのエネルギーバンドの形成については簡単に紹介するにとどめ(詳しくは,参考書(4),第6章参照),主に,半導体中でのフェルミ準位の変化を統計熱力学的観点から説明する.

4.5.1　エネルギーバンド理論—多原子分子からのアプローチ—

　孤立した水素原子の基底状態は $1s$ 状態でそのエネルギーは $E_{1s} = -13.6$ eV である.2個の水素原子が接近すると水素分子が形成され,そのエネルギー準位は結合軌道と反結合軌道の2つに分裂する(参考書(1),5.3節参照).原子を3個4個と増やしていくと,**図 4-8** に示すようにエネルギー準位はさらに分裂し,原則として原子数と同じ数に分裂する.原子数がマクロな数に達すると,エネルギーの上限と下限はそれほど大きく変化しないので,エネルギー準位はほとんど連続的に分布する.これが固体におけるエネルギーバンドに相当する.

　一般の原子の場合,内殻軌道の電子は隣接する原子の内殻電子とほとんど重ならないので準位は分裂せず,外殻電子(価電子)がエネルギーバンドを形成す

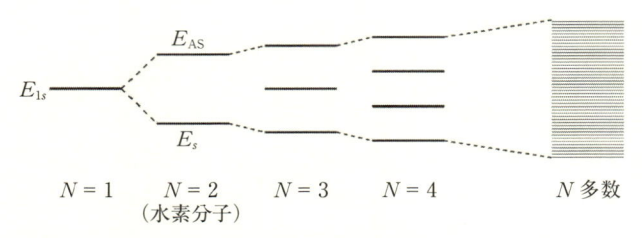

図4-8 多原子分子のエネルギー準位を示す概念図．原子数 N が十分大きい場合エネルギー準位はほとんど連続的に分布する．

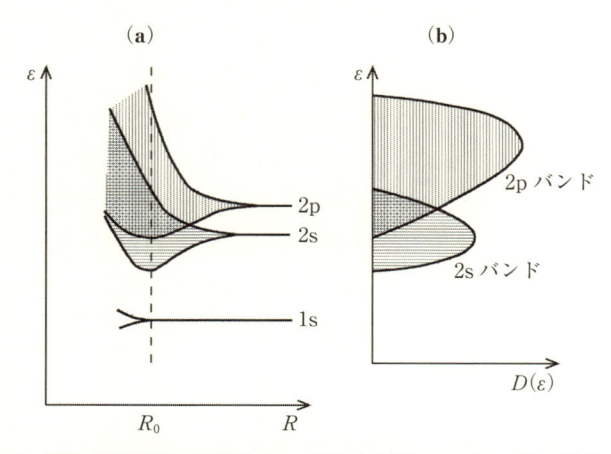

図4-9 (a)原子間距離の関数として表した固体のエネルギー準位．(b)平衡原子間距離(図(a)の点線)にある場合の状態密度．

る．この様子を**図4-9**(a)に示す．図4-9(b)はこのようにして形成されたエネルギーバンドの状態密度を示す．この例では，$2s$, $2p$ 軌道から形成されるエネルギーバンドは互いに重なり合いエネルギーギャップは生じないが，場合によっては状態密度間にエネルギーギャップが生じることがある．なお，1つのエネルギーバンドに収容できる電子数は1つの状態には2個しか電子が入らないというパウリの禁律に対応し $2N$ 個の電子を収容できる．

4.5.2 金属, 絶縁体, 半導体

　実際の固体の電子構造，すなわち状態密度曲線はその物質の種類，結晶構造によって異なるが，その固体が金属的性質を示すか，あるいは絶縁体となるかといった基本的な性質はその物質の状態密度曲線とフェルミ準位の位置によって決まる．このとき，パウリの禁律により，1つのバンドには $2N$ 個（N：原子数）の電子，いいかえれば1原子について2個の電子しか入れないことに注意する必要がある．

　図 4-10 にいろいろな固体の電子構造とフェルミ準位を示す．（a）はたとえば金属 Na のような1価の金属の場合で，電子は価電子のつくるエネルギーバンドを半分だけ満たし，フェルミ準位付近の電子を容易に加速することが可能で，金属的性質を示す．（b）は2価の金属で，低エネルギー側のバンドと高エ

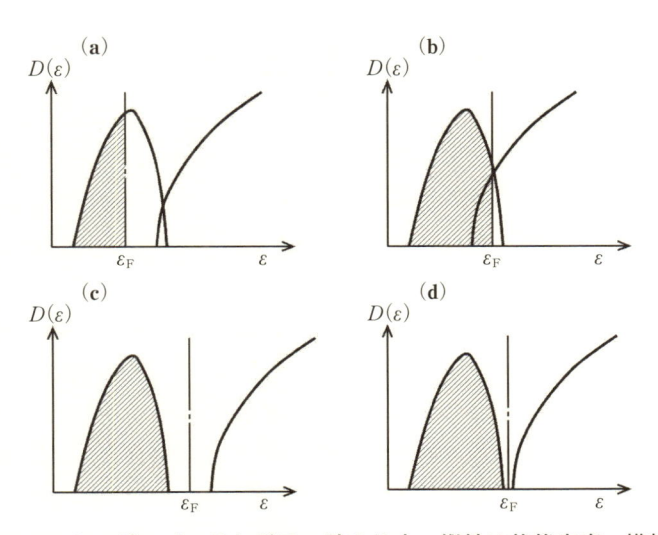

図 4-10 エネルギーバンドと電子の詰まり方．縦軸は状態密度．横軸は電子のエネルギー．斜線部分を電子が占有している．一点鎖線はフェルミ準位を示す．（a）金属（1価金属），（b）金属（2価金属），（c）絶縁体，（d）半導体（低エネルギー側の電子が詰まったバンドを価電子バンド，高エネルギー側の空のバンドを伝導バンドとよぶ．価電子バンドの電子の一部が熱励起され，伝導バンドに入る）．

ネルギー側のバンドが重なり,状態密度にはギャップが存在しない場合である.このときフェルミ準位はやはりバンドの中にあり金属的性質を示す.(c)はエネルギーギャップが大きく状態密度にもギャップがあり,かつ価電子が2個で低エネルギー側のバンド(**価電子バンド**とよぶ)を完全に満たしている場合である.この場合,電場をかけても電子は動くことができず電気的には絶縁体となる.(d)は(c)と基本的には同じだがエネルギーギャップが小さく,熱エネルギーにより,低エネルギーバンドから高エネルギーバンド(**伝導バンド**とよぶ)へ電子が励起される場合である.このとき,励起された電子は自由に動くことが可能で,さらに,電子が抜けた価電子バンドに生じた空状態も相対的に正の電荷を帯びた粒子(**正孔**とよぶ)としてふるまい,電気伝導に寄与する.すなわち半導体となる.絶縁体(c)も半導体(d)も後に詳しく説明するようにフェルミ準位はエネルギーギャップの中にあるのが特徴である.

4.5.3 絶縁体・真性半導体のフェルミ準位

　金属のフェルミ準位は状態密度がわかっていれば,(3-34)式により求まり,1価金属の場合,フェルミ準位は伝導バンドのほぼ中央にくる.それに対し,絶縁体や半導体の場合はどうだろうか? 単純に考えると,この場合,電子は価電子バンドの上端まで詰まっているので,フェルミ準位は価電子バンドの上端にあると思われがちだがそうではない.なぜなら,有限温度では,わずかであっても,価電子バンドの電子が伝導バンドに熱励起されるので伝導バンドにも電子は存在する.このとき,価電子バンドに生じる空孔数と伝導バンドに励起された電子数は等しく,この条件を満たすには,$f(\varepsilon_F) = 1/2$で定義されるフェルミ準位はエネルギーギャップのほぼ中央になければならない(**図4-11**参照).以下に定量的に半導体のフェルミ準位を求める.なお,絶縁体の場合,原理的には半導体と同じであるが,熱励起される電子数はきわめてわずかでフェルミ準位を求める意味はない.また半導体の場合,次項で述べるように不純物の存在がフェルミ準位を大きく変えるので,以下の議論が適応できるのは不純物の影響が無視できる,いわゆる**真性半導体**に限られる.

　具体的にフェルミ準位や励起された電子数を求めるには,価電子バンドと伝

4.5 半導体のフェルミ準位

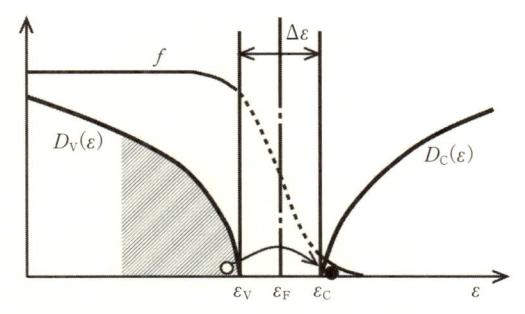

図 4-11 半導体の状態密度とフェルミ分布関数．価電子バンドの空孔数と伝導バンドの電子数が等しくなければならないので，フェルミ準位はギャップのほぼ中央にある（$f(\varepsilon_F) = 1/2$ であることに注意）．

導バンドの状態密度を定める必要がある．ここでは，双方に自由電子と同じ $\varepsilon^{1/2}$ 型の状態密度を仮定する．すなわち，伝導バンドについては単位体積当たりの状態密度を

$$D_C(\varepsilon) = \frac{1}{4\pi^2}\left(\frac{2m_C}{\hbar^2}\right)^{\frac{3}{2}}(\varepsilon - \varepsilon_C)^{\frac{1}{2}} \tag{4-56}$$

とする．ここで，m_C は伝導バンドにある電子の有効質量であり，ε_C は伝導バンドの底のエネルギーである．また，真性半導体の場合室温では一般に $\varepsilon - \varepsilon_F \gg k_B T$ としてよいのでフェルミ分布関数は $f \approx \exp\{-(\varepsilon - \varepsilon_F)/k_B T\}$ と近似できる．そうすると，伝導バンドに励起される電子濃度は

$$\begin{aligned}
n &= \int_{\varepsilon_C}^{\infty} D_C(\varepsilon) f d\varepsilon \\
&= 2 \times \frac{1}{4\pi^2}\left(\frac{2m_C}{\hbar^2}\right)^{\frac{3}{2}} e^{\varepsilon_F/k_B T} \int_{\varepsilon_C}^{\infty}(\varepsilon - \varepsilon_C)^{\frac{1}{2}} e^{-\varepsilon/k_B T} d\varepsilon \\
&= 2\left(\frac{m_C k_B T}{2\pi\hbar^2}\right)^{\frac{3}{2}} e^{(\varepsilon_F - \varepsilon_C)/k_B T}
\end{aligned} \tag{4-57}$$

と求まる．ここで，積分を実行するとき，$(\varepsilon - \varepsilon_C)/k_B T = x^2$ と置き，定積分

$\int_0^\infty x^2 \exp(-x^2)\,dx = \sqrt{\pi}/4$ を用いた．

次に，価電子バンドの空孔濃度を求める．状態密度は

$$D_V(\varepsilon) = \frac{1}{4\pi^2}\left(\frac{2m_V}{\hbar^2}\right)^{\frac{3}{2}}(\varepsilon_V - \varepsilon)^{\frac{1}{2}} \tag{4-58}$$

とする．ここで，m_V は価電子バンドにある電子の有効質量であり，ε_V は価電子バンドの上端のエネルギーである．空孔の分布関数は

$$f_h = 1 - f = \frac{1}{\exp\{(\varepsilon_F - \varepsilon)/k_B T\} + 1} \approx \exp\left(\frac{\varepsilon - \varepsilon_F}{k_B T}\right) \tag{4-59}$$

で与えられる．したがって，空孔濃度 p

$$p = \int_{-\infty}^{\varepsilon_V} D_V(\varepsilon) f_h(\varepsilon)\,d\varepsilon = 2\left(\frac{m_V k_B T}{2\pi \hbar^2}\right)^{\frac{3}{2}} e^{(\varepsilon_V - \varepsilon_F)/k_B T} \tag{4-60}$$

を得る．真性半導体の場合は，価電子帯の空孔数と伝導体の電子数が等しい，すなわち $n = p$ なので，(4-57) = (4-60) と置くことにより

$$\varepsilon_F = \frac{1}{2}(\varepsilon_C + \varepsilon_V) + \frac{3}{4} k_B T \ln\left(\frac{m_V}{m_C}\right) \tag{4-61}$$

を得る．

このとき，熱エネルギーにより価電子帯に空孔(H)が伝導体に電子(E)が生成されるわけであるが，これを E + P = 0 で表せる化学反応と見なせば 3.5.4 項に述べたように，空孔濃度 p と電子濃度 n の間に(3-106)式で与えられる質量作用の法則が成り立ち，平衡定数 $K(T)$

$$n \times p = 4\left(\frac{k_B T}{2\pi \hbar^2}\right)^3 (m_C m_V)^{\frac{3}{2}} e^{-(\varepsilon_C - \varepsilon_V)/k_B T} = K(T) \tag{4-62}$$

が得られる．すなわち，電子濃度とホール濃度の積はフェルミ準位によらず一定である．このため，この関係式は次項で述べる不純物半導体の場合も成り立つ．

4.5.4 不純物半導体のフェルミ準位

4 価元素である Si や Ge に燐(P)やアンチモン(Sb)などの 5 価元素を不純物

4.5 半導体のフェルミ準位

として混ぜると，余分の1個の電子が不純物原子の束縛を離れ母体結晶の伝導バンド内を動き回ることができる．このとき，残された不純物原子は+1価イオンとして残るので，余分の電子との間にクーロン引力が働き，あたかも水素原子のようにふるまう．伝導バンドの底をエネルギー準位の基点とすると，電子のエネルギー準位は水素原子の基底状態(1s 状態)のエネルギー準位を与える式 $E_{1s} = -m_e e^4/2(4\pi\varepsilon_0)^2\hbar^2$ において，真空の誘電率の代わりに母体結晶の誘電率を使い，かつ電子質量 m_e の代わりに伝導帯の有効質量 m_C を使うことにより近似的に求まる．これを擬水素原子モデルとよぶが，たとえば，Si の比誘電率は 11.7, $m_C = 0.25 m_e$ であり，基底状態の束縛エネルギーは水素原子の 1/100 以下，温度に換算すると数百度となり室温でも容易に励起される．そのため，このような不純物を(電子)**ドナー**とよび，ドナーを多く含む半導体を **n 型半導体**とよぶ．

逆に，ボロン(B)やガリウム(Ga)などの3価の元素を混ぜると，母体結晶の価電子帯から1個の電子を捕獲し，自身は-1価イオンとなり得る．このとき，母体結晶に1個の正孔が生じ，価電子帯を自由に動き電気伝導に寄与する．そのエネルギー準位は n 型半導体と同様に不純物の負イオン(**アクセプター**)を核に正孔を電子と見なす擬水素原子モデルが適用でき，価電子帯の直上にドナー準位が生じる．アクセプターを多く含む半導体を **p 型半導体**とよぶ．これらの様子を**図 4-12** に示す．

次に，不純物半導体のフェルミ準位を考える．**図 4-13** に n 型，および p 型

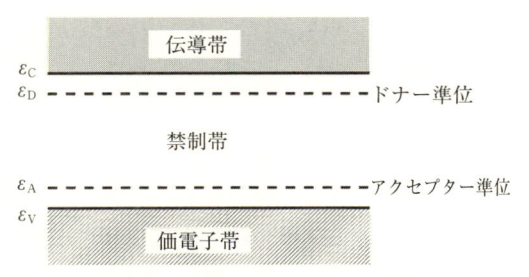

図 4-12 不純物半導体のエネルギー準位．ε_C：伝導体の底，ε_D：ドナー準位，ε_A：アクセプター準位，ε_V：価電子帯の上端．

(a) n 型   (b) p 型

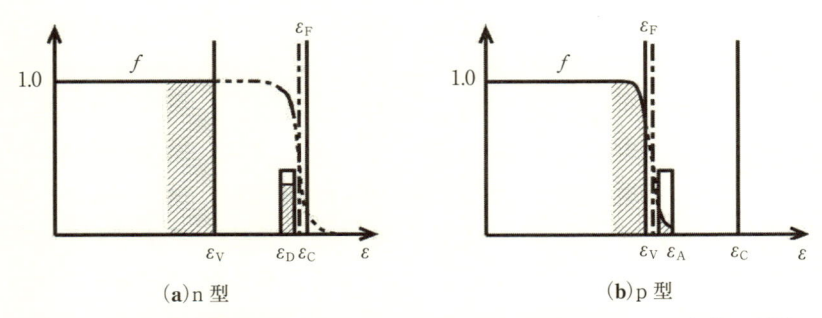

図 4-13 不純物半導体の低温でのフェルミ分布関数とフェルミ準位. 斜線部分は電子が詰まっている状態.

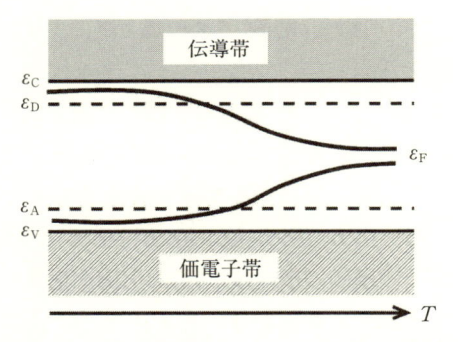

図 4-14 不純物半導体のフェルミ準位の温度変化.

半導体の低温におけるフェルミ分布関数とキャリアー(電子または空孔)の電子充填率を表す.

n 型半導体の場合,低温 ($T < \varepsilon_C - \varepsilon_D \ll \varepsilon_C - \varepsilon_V$) ではドナーからわずかの電子が励起され伝導体の底付近に分布する.また,価電子帯から励起される電子はほとんどない.フェルミ準位は $f = 1/2$ となるエネルギーなので,ドナー準位と価電子帯の底の間になければならない.少し温度を上げると,伝導体に励起される電子が多くなり,フェルミ準位は上昇し伝導帯の底直下にくる.さらに温度を上げると価電子帯から励起された電子も加わるが,不純物濃度は通常 ppm オーダーなので価電子帯から励起された電子が支配的になりフェルミ準

4.5 半導体のフェルミ準位

位は先に求めた真性半導体の値に近づいてゆく．p 型半導体の場合もフェルミ準位は低温では価電子帯の上端とアクセプター準位の間にあり高温では真性半導体の値に近づいてゆく．この様子を**図 4-14** に示す．

以上は定性的な説明であるが，定量的には以下のように見積もることができる．

（1） 低温(n 型：$k_B T \ll \varepsilon_C - \varepsilon_D$，p 型：$k_B T \ll \varepsilon_A - \varepsilon_V$)
はじめに n 型の場合を考える．伝導バンドの電子濃度 n は(4-57)式より，
$$n = n_0 e^{(\varepsilon_F - \varepsilon_C)/k_B T}$$

$$n_0 = 2(m_C k_B T / 2\pi \hbar^2)^{\frac{3}{2}} \tag{4-63}$$

で与えられる．これは励起されたドナー濃度 $n^* = n_D \{1 - f(\varepsilon_D)\}$ (n_D：ドナー濃度)に等しいと見なせるので，$n = n^*$ と等置することにより ε_F，したがって n が求まる．結果は，

$$\varepsilon_F = \frac{\varepsilon_C + \varepsilon_D}{2} + \frac{k_B T}{2} \ln\left(\frac{n_D}{n_0}\right) \tag{4-64}$$

$$n = (n_0 n_D)^{\frac{1}{2}} \exp\{-(\varepsilon_C - \varepsilon_D)/2 k_B T\} \tag{4-65}$$

となる．

p 型についても同様に，

$$\varepsilon_F = \frac{\varepsilon_A + \varepsilon_V}{2} - \frac{k_B T}{2} \ln\left(\frac{n_A}{p_0}\right) \tag{4-66}$$

$$p = (p_0 n_A)^{\frac{1}{2}} \exp\{-(\varepsilon_A - \varepsilon_V)/2 k_B T\}$$
$$p_0 = 2(m_V k_B T / 2\pi \hbar^2)^{\frac{3}{2}} \tag{4-67}$$

が得られる．ここで，n_A はアクセプター濃度である．

（2） 中間温度：$k_B T \approx \varepsilon_C - \varepsilon_F$
$k_B T$ が結合エネルギー ($\varepsilon_C - \varepsilon_D$) に近く，不純物準位がほぼ完全に熱励起される領域で，**出払い領域**とよばれ，室温付近の不純物半導体はこの領域にあ

る．この場合，n 型では，$n \approx n_D$ と見なせる．この等式と(4-63)式より，

$$\varepsilon_F = \varepsilon_C - k_B T \ln\left(\frac{n_0}{n_D}\right) \tag{4-68}$$

p 型では $p \approx n_A$，したがって

$$\varepsilon_F = \varepsilon_V + k_B T \ln\left(\frac{p_0}{n_A}\right) \tag{4-69}$$

が得られる．

（3） 高温：$k_B T > \varepsilon_C - \varepsilon_V$

価電子バンドから伝導バンドへの固有励起が支配的になり，フェルミ準位は真性半導体のフェルミ準位に漸近する．

4.5.5 不純物半導体の機能

フェルミ準位が大きく異なる n 型半導体と p 型半導体を組み合わせ接合することにより，電気的にいろいろ面白い機能が得られる．ここでは，最も単純な n 型，p 型半導体を接合して得られるダイオードの機能について調べる．

（1） 整流作用

図 4-15(a)に示すように p 型に ＋，n 型に － の電圧をかけると，ホール，電子ともに界面に向かって動き界面付近で対消滅する．また，電極では導線の電流によりホール，電子が補給される．このようにして回路に定常的に電流が

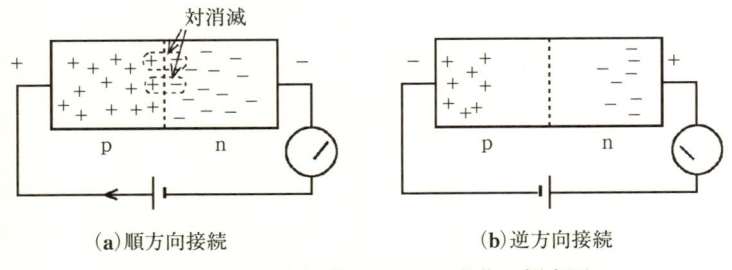

(a)順方向接続　　　　　(b)逆方向接続

図 4-15　p-n 接合ダイオードの動作の概念図．

4.5 半導体のフェルミ準位

流れる.一方,n型に＋,p型に－の電圧をかけると(図 4-15(b)),＋極にn領域の電子が,－極にp領域のホールが引き寄せられるが,その後,界面近傍でキャリアーが欠乏する.そのため定常電流はほとんど流れない.これがp-n接合ダイオードの動作原理である.

以上は定性的な説明だが定量的には以下のように説明される.独立に存在するn型,p型半導体のフェルミ準位をそれぞれ,$\varepsilon_F^n, \varepsilon_F^p$とすると,**図 4-16**(a)より,$\varepsilon_F^n > \varepsilon_F^p$である.両者を接合すると,n領域からp領域へ電子が流入し,界面付近でn領域では電子欠乏層が,p領域ではホール欠乏層が生じ,n側は＋にp側は－に帯電する.その結果,図 4-16(b)に示すように$\Delta\varepsilon = \varepsilon_F^n - \varepsilon_F^p$に相当するポテンシャル段差が生じ,両者のフェルミ準位が一致するところで平衡状態が実現する.電圧をかけないときの電子の流れは,p領域の伝導バンドに価電子バンドから熱励起されたわずかな電子がn領域へ拡散することによる電流$-J_t^0$と,n領域の伝導バンドにあるドナーから供給される大量(p領域に比べて)の電子がエネルギーバリア$\Delta\varepsilon$を越えてp領域へ進入することによる電流J_r^0とが釣り合い,電流は流れない(図 4-16(b)).

次に順方向に電圧Vをかけると(**図 4-17**(a)),J_tは変化しないが,J_rはエネルギーバリアが$\Delta\varepsilon = \Delta\varepsilon_F - eV$と減少するので,$J_r = J_r^0 \exp(eV/k_B T)$と増加する.したがって全電流は$J = J_r + J_t = J_r - J_r^0 = J_r^0 \{\exp(eV/k_B T) - 1\}$

(a)接合前　　　　　　　　　(b)接合後

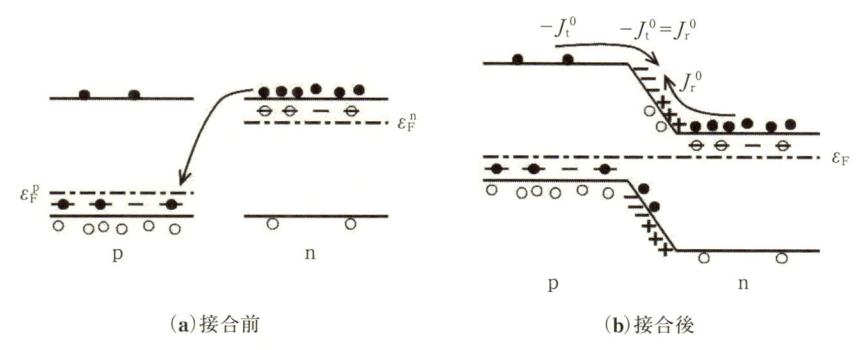

図 4-16 p-n接合素子中の電子のエネルギー準位.矢印は電子の流れを示す.電流方向はこれと逆方向であることに注意!

(a)順方向接合 (b)逆方向接合

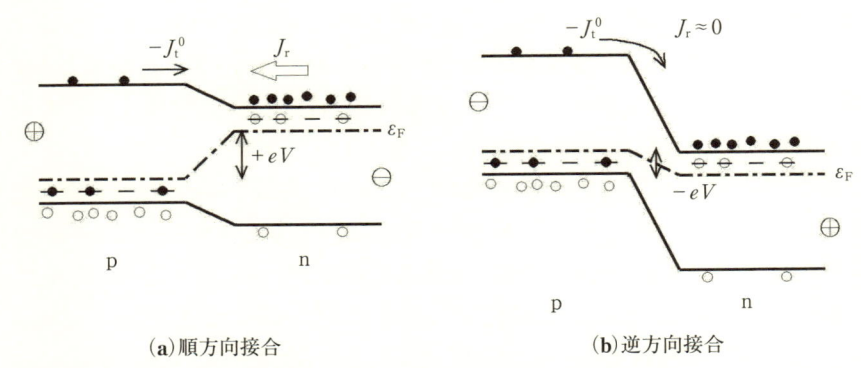

図 4-17 順方向,逆方向に電圧をかけたときの,p-n 接合ダイオード素子中の電子のエネルギー準位と電子の流れ.矢印は電子の流れを示す.電流方向はこれと逆方向であることに注意!

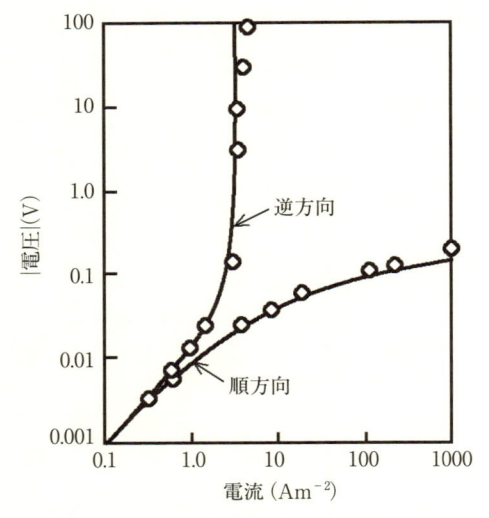

図 4-18 ゲルマニウムの p-n 接合素子の整流特性.縦軸は電圧の絶対値(データはショックレー(Shockley)による).

と急激に増加する．一方，逆方向に電圧をかけると(図4-17(b))，逆にエネルギーバリアが高くなり，J_r は，$J_r = J_r^0\{\exp(-eV/k_BT)\}$ と急激に減少する．したがって，逆方向全電流は，$J = J_t^0\{\exp(-eV/k_BT)-1\}$ と，微少な熱拡散電流 J_t^0 以上の電流は流れない．同様に，ホールに対するポテンシャルエネルギーの変化は電子の場合と逆符号になるが，同様な考察により順方向に電流が流れる．その結果図 **4-18** に示すように，室温の熱エネルギー(〜0.03 eV)に相当する電圧まではほぼ電圧に比例した電流が流れるが，それ以上になると順方向のみ電流が増加し整流作用が生じる．

（2） 光センサー

ダイオードに逆電圧をかけた場合，電流はほとんど流れない．これは図 4-15(b)に示したように，キャリアーが欠乏するためである．しかし，この状態で，禁制帯のエネルギーギャップより大きなエネルギーをもつ光子を照射すると，価電子帯から伝導帯へ電子が励起され電子-正孔対が生成し電流が流れ始める．これが光センサーの原理である．このとき，適当な大きさのエネルギーギャップをもつ半導体を選んでやれば，特定の波長に敏感な光センサーを作ることができる．

（3） 発光ダイオード

逆に，順方向接続で電流が流れているとき，接合部で電子と正孔が対消滅し，エネルギーギャップに相当する波長をもった電磁波が発生する．ただし，Si ではエネルギーギャップは 1.17 eV であり，相当する電磁波の波長は 1000 nm 以上の赤外域になり照明には使えない．可視領域の光を発光するためには，より大きなエネルギーギャップをもつ半導体が必要であり，多くの化合物半導体が開発されている．

（4） 太陽電池

p-n 接合状態のエネルギー準位は図 4-16(b)に示すように，接合面付近のキャリアー欠乏層には電位差があり，n 領域から p 領域方向に向かう電場が生

じている．そのため，エネルギーギャップより大きなエネルギーをもつ電磁波を照射して生じる電子・空孔対のうち電子はn領域に向かって，空孔はp領域に向かって力を受ける．そのためp領域は空孔が過剰になり正に帯電し，n領域は電子が過剰になり負に帯電し電位差が生じる．この状態に外部に負荷抵抗をつなぐと電流が流れ電磁波のエネルギーを電気エネルギーに変換することができる．これが太陽電池の原理である．

付録 A　Lagrangeの未定係数法の証明

N個の独立変数$x_1, x_2, \ldots, x_N$に対し，束縛条件

$$g(x_1, x_2, \ldots, x_N) = 0 \tag{A-1}$$

があるとき(当然独立変数の数が$N-1$個になる)，関数

$$f(x_1, x_2, \ldots, x_N) \tag{A-2}$$

が極値(極大または極小値)をとる条件はαを任意の定数として，関数

$$F = f(x_1, x_2, \cdots x_N) + \alpha g(x_1, x_2, \cdots x_N) \tag{A-3}$$

を定義したとき，極値を与える変数x_iは

$$\frac{\partial F}{\partial x_1} = \frac{\partial F}{\partial x_2} = \cdots = \frac{\partial F}{\partial x_N} = 0 \tag{A-4}$$

で与えられる．

証　明

一般に，$x_1, x_2, \ldots, x_N$が独立変数であれば，$z = f(x_1, x_2, \ldots, x_N)$が極値をとる条件は，

$$df = \sum_{i=1}^{N}(\partial f/\partial x_i)\,dx_i = 0 \tag{A-5}$$

で与えられ，したがって，すべてのiについて，$(\partial f/\partial x_i) = 0$であればよい．

一方，束縛条件式((A-1)式)より，

$$dg = \sum_{i=1}^{N}(\partial g/\partial x_i)\,dx_i = 0 \tag{A-6}$$

この式に，あるパラメータλをかけ，(A-5)式に加えると，

$$\sum_{i=1}^{N}\{(\partial f/\partial x_i) + \lambda(\partial g/\partial x_i)\}\,dx_i = 0 \tag{A-7}$$

となる．この式よりdx_iの内1つ(たとえばdx_N)が他のすべてのdx_iで表すことができる．束縛条件は1つなので，他のすべての($N-1$個の)dx_iは独立変

数と見なせる．ここで，未定係数 λ を，

$$(\partial f/\partial x_N) + \lambda (\partial g/\partial x_N) = 0 \tag{A-8}$$

を満たすよう選ぶと，(A-7)式は，$N-1$ 個の変数に対し，

$$\sum_{i=1}^{N-1} \{(\partial f/\partial x_i) + \lambda (\partial g/\partial x_i)\} dx_i = 0 \tag{A-9}$$

でなければならない．$x_i (i=1 \sim N-1)$ は独立変数なので，この恒等式を満たすためには，

$$(\partial f/\partial x_i) + \lambda (\partial g/\partial x_i) = 0, \quad i = 1, 2, \cdots, N-1 \tag{A-10}$$

でなければならない．したがって，(A-8)式と合わせると，すべての x_i に対して，

$$(\partial f/\partial x_i) + \lambda (\partial g/\partial x_i) = 0, \quad i = 1, 2, \cdots, N \tag{A-11}$$

すなわち，

$$\frac{\partial F}{\partial x_1} = \frac{\partial F}{\partial x_2} = \cdots = \frac{\partial F}{\partial x_N} = 0 \tag{A-12}$$

が極値をとるための必要条件となる．

付録 B　箱の中の自由粒子の状態密度

量子力学によれば，粒子は波動性をもちその波長はド・ブロイ(de Broglie)の関係式 $\lambda = h/p$ (p は粒子の運動量)で与えられる．粒子を一辺 L (体積 V)の立方体の箱の中に閉じ込め，箱の内壁面で波動の振幅が 0 となる，すなわち，節の位置にくるという条件をおけば，波動化された粒子の取り得る波長は $2\lambda = L/n$ に制限され，波数(2π の長さにある波の数．通常 K または k で表す)で表すと，x, y, z 各方向に $K_x = \pi n_x / L$, $K_y = \pi n_y / L$, $K_z = \pi n_z / L$ の波しか許されない(**図 B-1** 参照)．

K_x, K_y, K_z を座標軸とする空間(波数空間または K 空間とよぶ)にこれらの点をプロットすると，**図 B-2** に示すように $\Delta K = \pi / L$ ごとに 1 個，したがって，体積素片 $\Delta K^3 = (\pi/L)^3 = \pi^3/V$ について 1 個の点が存在する．逆に，K 空間の単位体積当たり V/π^3 の点が存在する．

1 つの点は，運動量 $p_\nu = (h/2\pi)K_\nu$ ($\nu : x, y, z$)をもつ粒子の状態に対応するので，波数の絶対値が K 以下の状態数は

$$n = \frac{1}{8} \frac{4\pi}{3} K^3 \bigg/ \left(\frac{\pi}{L}\right)^3 = \frac{V}{6\pi^2} K^3 \tag{B-1}$$

となる．したがって，K 空間において波数が $K \sim K + dK$ の間にある K 点の

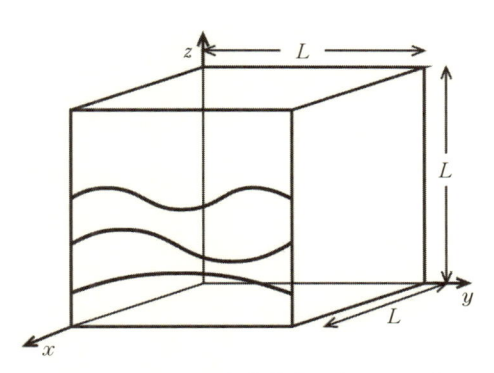

図 B-1　1 辺 L の立方体中で許される波．

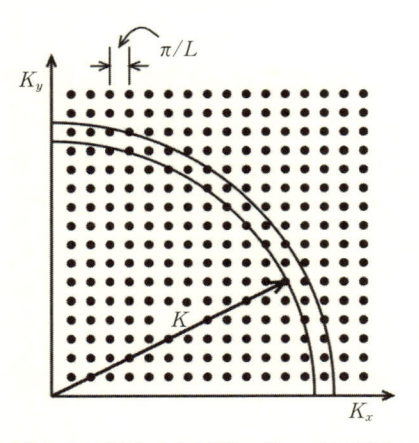

図 B-2 図 B-1 に対応する波数. K_x, K_y 面での断面図.

数,すなわち状態数は

$$n(K \sim K+dK) = \frac{dn}{dK}dK = \frac{V}{2\pi^2}K^2 dK \tag{B-2}$$

となる.通常,状態密度は粒子のエネルギーが $\varepsilon \sim \varepsilon+d\varepsilon$ にある状態数として定義されるので,状態密度を求めるには,その粒子の波数 K とエネルギー ε の関係,すなわち分散関係を知る必要がある.以下,具体的な粒子について状態密度を求める.

(1) 理想気体

$$\varepsilon = \frac{p^2}{2m} = \frac{h^2}{8\pi^2 m}K^2 \Rightarrow K = \left(\frac{8\pi^2 m}{h^2}\varepsilon\right)^{\frac{1}{2}} \tag{B-3}$$

これを,(B-1)式に代入するとエネルギーが ε 以下の状態数は

$$n = \frac{V}{6\pi^2}\left(\frac{8\pi^2 m}{h^2}\right)^{\frac{3}{2}}\varepsilon^{\frac{3}{2}} \tag{B-4}$$

となり,エネルギーに対する状態密度は

付録B　箱の中の自由粒子の状態密度　　　　113

$$D(\varepsilon) = \frac{dn}{d\varepsilon} = 2\pi V \left(\frac{2m}{h^2}\right)^{\frac{3}{2}} \varepsilon^{\frac{1}{2}} \tag{B-5}$$

と本文で位相空間のセル数から求めた状態密度(3-17)式と同じ結果を得る.

（2） 自由電子

自由電子の分散関係は波数を k とすると

$$\varepsilon_k = \frac{\hbar^2}{2m} k^2 \tag{B-6}$$

で与えられる．これは理想気体の分散関係(B-3)式と同じであり，状態密度も等しいはずであるが，パウリの禁律により，1つの軌道(K点)に2個の電子が入るので(B-5)式の2倍となる．また，習慣的にプランク定数 h の代わりに $\hbar = h/2\pi$ を使うので，自由電子の状態密度は

$$D(\varepsilon) = \frac{V}{2\pi^2} \left(\frac{2m}{\hbar^2}\right)^{\frac{3}{2}} \varepsilon^{\frac{1}{2}} \tag{B-7}$$

で与えられる．これは本文(3-18)式の2倍となっている．

（3） 光量子（フォトン）

光量子のエネルギーはアインシュタインの関係式 $\varepsilon = h\nu$ で与えられるので分散関係は

$$\varepsilon = h\nu = \frac{hc}{\lambda} = \frac{hc}{2\pi} K \tag{B-8}$$

となる．これを(B-1)式に代入すると

$$n = \frac{4\pi V}{3h^3 c^3} \varepsilon^3 \tag{B-9}$$

となり，光(電磁波)が横波であり x, y 2方向の自由度があることを考慮し2をかけると，光子の状態密度は

$$D(\varepsilon) = 2\frac{dn}{d\varepsilon} = \frac{8\pi V}{c^3 h^3} \varepsilon^2 \tag{B-10}$$

で与えられ，(3-55)式を得る.

(4) フォノン（量子化された固体中の音波）

固体中を伝搬する振動も調和振動子と見なせるので分散関係はフォトンと同じとなる．フォノンには縦波と x, y 2 方向の横波の 3 つのモードがあり，状態密度は縦波，横波の速度 (v) が同じなら自由度 3 をかけ

$$D(\varepsilon) = 3\frac{dn}{d\varepsilon} = \frac{12\pi V}{v^3 h^3}\varepsilon^2 \tag{B-11}$$

を得る．また，振動数 ν に対する状態密度は $K = (2\pi/v)\nu$ なので，

$$n = \frac{4\pi V}{3v^3}\nu^3 \tag{B-12}$$

となり，状態密度は

$$D(\nu) = 3\frac{dn}{d\nu} = \frac{12\pi V}{v^3}\nu^2 \tag{B-13}$$

で与えられ，(3-58)式を得る．

参　考　書

（1）　志賀正幸：材料科学者のための量子力学入門（内田老鶴圃 2013）
（2）　志賀正幸：磁性入門（内田老鶴圃 2007）
（3）　小口武彦：磁性体の統計力学（裳華房 1970）
（4）　志賀正幸：材料科学者のための固体電子論入門（内田老鶴圃 2009）

演習問題解答

演習問題 1-1

n	条件を満たす全ての配置に対する各準位の粒子数							$\langle N_n \rangle$	N_{Bolt}
	a	b	c	d	e	f	g		
5	1	0	0	0	0	0	0	0.007	0.057
4	0	1	0	0	0	0	0	0.056	0.142
3	0	0	1	1	0	0	0	0.252	0.353
2	0	0	1	0	1	2	0	0.839	0.876
1	0	1	0	2	3	1	5	2.308	2.174
0	8	7	7	6	5	6	4	5.539	5.397
W_ν	9	72	72	252	504	252	126	$W_{\text{T}} = \sum W_\nu = 1287$	

$\langle N_n \rangle$：各レベルを占有する原子数の期待値 $\langle N_n \rangle = \sum_{\nu=a}^{g} N_{n\nu} W_\nu / W_{\text{T}}$

ここで，$N_{n\nu}$ は配置 ν のとき準位 n を占有する原子数

N_{Bolt}：$T = 1.1 h\nu/k_{\text{B}}$ としたときのボルツマン分布での期待値

演習問題 1-2

$N_i = NP_i = Ne^{-\varepsilon_i/k_{\text{B}}T}/Z$ を使って，(1-60)式の内，$\sum_i N_i \ln N_i$ を計算すると

$$\sum_i N_i \ln N_i = N \sum_i P_i \ln(NP_i)$$

$$= N \ln N \sum_i P_i + N \sum_i P_i \ln \frac{e^{-\varepsilon_i/k_{\text{B}}T}}{Z}$$

$$= N \ln N - \frac{1}{k_{\text{B}}T} \sum_i N_i \varepsilon_i - \frac{N}{Z} \ln Z \sum_i e^{-\varepsilon_i/k_{\text{B}}T}$$

$$= N \ln N - \frac{U}{k_{\text{B}}T} - N \ln Z$$

したがって
$$S = k_B \ln W = k_B \left(N \ln N - \sum_i N_i \ln N_i \right)$$
$$= \frac{U}{T} + N k_B \ln Z$$
となる．両辺に T をかけて整理すると
$$-N k_B T \ln Z = U - TS = F$$
を得る．

演習問題 3-1
（1）内部エネルギー
$N = 6.022 \times 10^{23}$，$T = 300$ K として，(3-10)式より
$U = 3.74 \times 10^3$ J
（2）(3-9)式より
$$S = N k_B \left\{ \ln\left(\frac{k_B T}{p}\right) + \frac{3}{2} \ln\left(\frac{2\pi m k_B T}{h^2}\right) + \frac{5}{2} \right\}$$
$m = 4.003 \times 1.673 \times 10^{-27}$ kg，$k_B = 1.381 \times 10^{-23}$ J/K，$h = 6.626 \times 10^{-34}$ J·s，$p = 1.013 \times 10^5$ Pa を代入すると，$S = 1.26 \times 10^2$ J/K を得る．
（3）(3-12)式より
$$\mu = k_B T \ln\left\{ \left(\frac{h^2}{2\pi m k_B T}\right)^{\frac{3}{2}} \frac{k_B T}{p} \right\} = -5.22 \times 10^{-20} \text{ J} = -0.326 \text{ eV}$$

演習問題 3-2
面心立方晶は単位格子当たり4個の原子，したがって4個の自由電子をもつので，
$$\frac{N}{V} = \frac{4}{(0.361 \times 10^{-9})^3} = 8.502 \times 10^{28}/\text{m}^3$$
この値を(3-36)式に代入すると
$\varepsilon_F = 1.130 \times 10^{-18}$ J $= 7.051$ eV $= 81{,}820$ K

演習問題 3-3
$z = 1 + e^{\varepsilon/k_B T} + e^{-\varepsilon/k_B T}$

(1) $F = -Nk_BT \ln(1 + e^{\varepsilon/k_BT} + e^{-\varepsilon/k_BT})$

(2) $U = -T^2\left[\dfrac{d(F/T)}{dT}\right] = Nk_BT^2\dfrac{dz}{dT} = N\varepsilon\dfrac{-e^{\varepsilon/k_BT} + e^{-\varepsilon/k_BT}}{1 + e^{\varepsilon/k_BT} + e^{-\varepsilon/k_BT}}$

$\lim_{T\to 0} U(T) = -N\varepsilon, \quad \lim_{T\to \infty} U(T) = 0$

(3) $C = \dfrac{dU}{dT} = N\dfrac{\varepsilon^2}{k_BT^2}\dfrac{4 + e^{\varepsilon/k_BT} + e^{-\varepsilon/k_BT}}{(1 + e^{\varepsilon/k_BT} + e^{-\varepsilon/k_BT})^2}$

$\lim_{T\to 0} C(T) = 0, \quad \lim_{T\to \infty} C(T) = 0$

(4) $S = -\dfrac{dF}{dT} = Nk_B\left\{\ln(1 + e^{\varepsilon/k_BT} + e^{-\varepsilon/k_BT}) + \dfrac{\varepsilon}{k_BT}\left(\dfrac{-e^{\varepsilon/k_BT} + e^{-\varepsilon/k_BT}}{1 + e^{\varepsilon/k_BT} + e^{-\varepsilon/k_BT}}\right)\right\}$

$\lim_{T\to 0} S(T) = 0, \quad \lim_{T\to \infty} S(T) = Nk_B\ln 3$

(5)

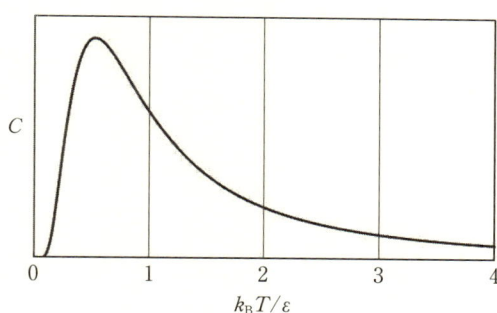

演習問題 3-4

(1) (3-100)式において，$(m_{H_2}/m_H^2) = 2/(1.67 \times 10^{-27}) = 1.20 \times 10^{27}/\text{kg}$, $g_{H_2}/g_H^2 = 1/4$, $I_{H_2} = 2m_H(R_{H-H}/2)^2 = 4.6 \times 10^{-48}\,\text{kg}\cdot\text{m}^2$, $h\nu = 6.626 \times 10^{-34} \times 132 \times 10^{12} = 8.73 \times 10^{-20}$ J を代入すると

1000 K では $K = 1.87 \times 10^{-9}/\text{m}^3$

10,000 K では $K = 1.18 \times 10^{-28}/\text{m}^3$

(2) 全粒子数 ($N = N_{H_2} + N_H$) に対して理想気体の状態方程式を適用すると

$$c_{H_2} + c_H = \dfrac{N_{H_2}}{V} + \dfrac{N_H}{V} = \dfrac{N}{V} = \dfrac{p}{k_BT}$$

平衡定数の定義より

$$\dfrac{c_{H_2}}{c_H^2} = K \Rightarrow c_{H_2} = Kc_H^2$$

この 2 式より c_{H_2} を消去すると，2 次方程式

$$Kc_H^2 + c_H - \frac{p}{k_B T} = 0$$

を得る．C_H が正となる解は

$$c_H = \frac{\sqrt{1 + 4pK/k_B T} - 1}{2K}$$

となり，解離率は

$$f = \frac{c_H}{2c_{H_2} + c_H} = \frac{1}{2Kc_H + 1} = \frac{1}{\sqrt{1 + 4pK/k_B T}}$$

となる．この式に (1) で求めた，K および $p = 1.023 \times 10^5$ Pa を代入すると，

1000 K では， $f = 4.27 \times 10^{-9}$

10,000 K では， $f = 0.998$

すなわち，1000 K では水素はほとんど分子として存在し，10,000 K ではほとんど原子状水素として存在する．

索　引

あ
アインシュタイン温度……………12
アインシュタイン・モデル………2, 11
アクセプター………………………101
圧力…………………………………36
Ensemble……………………………29
アンサンブル………………………29
　　──平均……………………31

い
Ising…………………………………84
イジング・モデル…………………84
位相空間…………………………29, 46
1次の相転移………………………88
1粒子の状態和…………………38, 46

え
液体ヘリウム………………………59
n型半導体…………………………101
エネルギー等分配則………………48
エネルギーバンド理論……………95
エネルギー保存則…………………24
エルゴード仮説…………………31, 46
エンタルピー………………………25
エントロピー……………………17, 33
　　──増大の法則…………………24

お
温度……………………………9, 14, 33
　　──の定義………………………25

か
化学電池……………………………91

か
化学反応式…………………………75
化学反応の平衡……………………70
化学ポテンシャル………………27, 39
活量…………………………………27
価電子バンド………………………98
Canonical Ensemble………………30
カルノー・サイクル………………14

き
規則構造……………………………79
規則度………………………………79
規則不規則変態……………………79
ギブスの自由エネルギー…………26
ギブス分布則………………………39
キュリー温度………………………85
キュリーの法則……………………67
強磁性体……………………………83
協力現象……………………………85
金属中の自由電子…………………55

く
空孔…………………………………77
　　──濃度…………………………78
Grandcanonical Ensemble…………31

け
ケルビンの熱力学温度……………14

こ
交換エネルギー……………………83
光子…………………………………60
黒体…………………………………61
固体の比熱…………………………11

固体の平衡蒸気圧……………67
コヒーレント状態……………59

さ
Sackur-Tetrode………………48
サッカー-テトロードの式……48

し
磁気比熱………………………86
示強変数………………………25
仕事関数………………………56
質量作用の法則………72, 75, 100
自発磁化………………………85
自由電子の状態密度…………50
縮退数…………………………29
蒸気圧…………………………67
常磁性…………………………63
常磁性体の磁化率……………67
小正準集合…………………30, 41
状態密度………………………50
状態和……………………9, 21, 35
　　 1粒子の——…………38, 46
Schottky………………………66
ショットキー型比熱…………66
示量変数………………………24
真性半導体……………………98

す
Stirling…………………………5
スターリングの近似式…………5

せ
正孔……………………………98
正準集合……………………30, 41
整流作用……………………104
Seebeck………………………90
ゼーベック効果………………90

絶縁体…………………………98
接触電位差……………………90
絶対0度…………………………7
切断周波数……………………63

そ
相転移…………………………20
　　 1次の——…………………88
　　 2次の——…………………88

た
ダイオード……………………104
大正準集合……………………31
帯電した粒子…………………88
代表点…………………………46
太陽電池………………………107
ダニエル電池…………………91
短距離秩序……………………88

ち
長距離規則度…………………79
超流動現象……………………59
調和振動子………………………2

て
デバイの切断周波数…………62
デバイの特性温度……………63
デバイ・モデル………………62
出払い領域……………………103
Dulong-Petit…………………13
デュロン-プティの法則……1, 13
電気化学ポテンシャル………93
電子ガス………………………53
電子欠乏層……………………105
電池……………………………91
　　——の起電力………………94
伝導バンド……………………98

と
統計集合……………………………29
統計的重率……………………………30
等重率の仮説……………………31, 46

な
内部エネルギー……………………11, 25
内部自由度……………………………71

に
2次の相転移……………………………88
2準位系…………………………………63

ね
熱拡散電流……………………………107
熱だめ……………………………………33
熱放射則………………………………61, 62
熱力学の第1法則………………………24
熱力学の第3法則…………………18, 24
熱力学の第2法則………………………24

は
Heisenberg……………………………83
ハイゼンベルグ・ハミルトニアン……83
配置数………………………………4, 29, 32
Pauli……………………………………50
パウリの禁律………………………50, 96
発光ダイオード………………………107
半導体……………………………………95
　　n型——……………………………101
　　真性——……………………………98
　　p型——……………………………101
　　不純物——…………………………100

ひ
p型半導体……………………………101
光センサー……………………………107

比熱……………………………11, 63, 66, 86
　　固体の——…………………………11
　　固体の低温——……………………62
　　磁気——……………………………86
　　ショットキー型——………………66
　　——の3乗則………………………63
開いた系…………………………………27, 40

ふ
Fermi……………………………………50
フェルミエネルギー……………………54
フェルミ準位……………………………53
　　不純物半導体の——………………101
フェルミ-ディラック分布則……………53
フェルミ粒子……………………………50
photon…………………………………60
フォトン…………………………………60
phonon…………………………………60
フォノン…………………………………60
不確定性原理……………………………46
不純物半導体…………………………100
　　——のフェルミ準位………………101
Bragg-Williams………………………83
ブラッグ-ウィリアムズ近似………79, 83
プランク定数……………………………2
プランクの熱放射則…………………61, 62
プランク分布則…………………………60
分子の慣性モーメント…………………72
分子場……………………………………84
分配関数………………………………9, 35

へ
平衡定数…………………………………72
ヘルムホルツの自由エネルギー
　　………………………………19, 21, 26, 36

ほ

ボイル-シャルルの法則 …………… 47
Bose …………………………………… 56
ボース-アインシュタイン凝縮 ……… 59
ボース-アインシュタイン分布則 …… 57
ボース粒子 …………………………… 56
ホール欠乏層 ………………………… 105
Volta ………………………………… 90
ボルタの法則 ………………………… 90
Boltzmann …………………………… 3
ボルツマン定数 ……………………… 9
ボルツマンの関係式 ………… 17, 32
ボルツマン分布 ………………… 3, 9
　　　──則 …………………… 34

ま

Microcanonical Ensemble ………… 30
Maxwell ……………………………… 49
マクスウェル-ボルツマンの速度分布則
　………………………………………… 49

ら

Lagrange ……………………………… 5
ラグランジュの未定係数法 ………… 5

り

Reservoir ……………………………… 33
理想気体 ……………………………… 45
　　　──の化学ポテンシャル ……… 48
　　　──の状態方程式 ……………… 47
　　　──の状態密度 ………………… 49

著者略歴

志賀 正幸（しが まさゆき）

1938 年	京都市に生まれる
1961 年	京都大学理学部化学科卒業
1963 年	京都大学大学院理学研究科修士課程修了
1964 年	京都大学工学部金属加工学教室助手，助教授を経て
1989 年	京都大学工学部教授
2002 年	定年退職

京都大学名誉教授　理学博士
専門分野：磁性物理学
主な著書：磁性入門，材料科学者のための固体物理学入門，材料科学者のための固体電子論入門，材料科学者のための電磁気学入門，材料科学者のための量子力学入門，材料科学者のための統計熱力学入門（いずれも内田老鶴圃）他

2013 年 6 月 30 日 第 1 版 発行

材料科学者のための
統計熱力学入門

著　者 ⓒ 志　賀　正　幸
発 行 者　内　田　　　学
印 刷 者　山　岡　景　仁

発行所　株式会社　内田老鶴圃　〒112-0012 東京都文京区大塚 3 丁目 34-3
電話 (03) 3945-6781(代)・FAX (03) 3945-6782
http://www.rokakuho.co.jp
印刷・製本/三美印刷 K.K.

Published by UCHIDA ROKAKUHO PUBLISHING CO., LTD.
3-34-3 Otsuka, Bunkyo-ku, Tokyo 112-0012, Japan

U. R. No. 600-1

ISBN 978-4-7536-5556-4 C3042

材料科学者のための量子力学入門
志賀正幸 著　　　　　　　　　　　　　　A5 判・144 頁・本体 2400 円
 1　量子力学の発展　2　量子力学の方法 I ―シュレーディンガーの方程式を解く―　3　量子力学の方法 II ―物理量と演算子―　4　近似解 ―摂動法と変分法―　5　多電子系の取り扱い　6　状態間遷移 ―時間を含む摂動論―

材料科学者のための固体物理学入門
志賀正幸 著　　　　　　　　　　　　　　A5 判・180 頁・本体 2800 円
 1　結晶と格子　2　結晶による回折　3　結晶の結合エネルギー　4　格子振動　5　統計熱力学入門　6　固体の比熱　7　量子力学入門　8　自由電子論と金属の比熱・伝導現象　9　周期ポテンシャル中での電子 ―エネルギーバンドの形成―

材料科学者のための固体電子論入門　エネルギーバンドと固体の物性
志賀正幸 著　　　　　　　　　　　　　　A5 判・200 頁・本体 3200 円
 1　量子力学のおさらいと自由電子論　2　周期ポテンシャルの影響とエネルギーバンド　3　フェルミ面と状態密度　4　金属の基本的性質　5　金属の伝導現象　6　半導体の電子論　7　磁性　8　超伝導

材料科学者のための電磁気学入門
志賀正幸 著　　　　　　　　　　　　　　A5 判・240 頁・本体 3200 円
 1　はじめに　2　点電荷のつくる静電場，静電ポテンシャル　3　分散・分布する電荷のつくる静電場　4　物質の電気的性質 I　絶縁体と誘電率　5　物質の電気的性質 II　静的平衡状態にある導体　6　物質の電気的性質 III　定常電流が流れる導体　7　静磁場　8　電磁誘導　9　マクスウェルの方程式と電磁波　10　過渡特性とインピーダンス―交流回路理論の基礎―　11　変動する電磁場中の物質―複素誘電率と物質の光学的性質―　12　$E-H$ 対応系と物質の磁性

磁性入門　スピンから磁石まで
志賀正幸 著　　　　　　　　　　　　　　A5 判・236 頁・本体 3600 円
 1. 序論　2. 原子の磁気モーメント　3. イオン性結晶の常磁性　4. 強磁性（局在モーメントモデル）　5. 反強磁性とフェリ磁性　6. 金属の磁性　7. いろいろな磁性体　8. 磁気異方性と磁歪　9. 磁区の形成と磁区構造　10. 磁化過程と強磁性体の使い方　11. 磁性の応用と磁性材料　12. 磁気の応用

遍歴磁性とスピンゆらぎ
高橋慶紀・吉村一良著　A5・272 頁・本体 5700 円

強相関物質の基礎　原子，分子から固体へ
藤森　淳著　A5・268 頁・本体 3800 円

理学と工学のための量子力学入門
H.A.Pohl 著　津川昭良訳　A5・180 頁・本体 1700 円

誕生と変遷に学ぶ熱力学の基礎
富永　昭著　A5・224 頁・本体 2500 円

表示価格は税別の本体価格です．　　　　　　http://www.rokakuho.co.jp/